猫言語・幼猫体験・尿スプレー

ネコ学入門

クレア・ベサント：著
三木直子：訳

築地書館

THE CAT WHISPERER
THE SECRET OF HOW TO TALK TO YOUR CAT
by Claire Bessant

Japanese translation rights arranged with Claire Bessant
c/o John Blake Publishing, London
through Tuttle-Mori Agency, Inc., Tokyo

Japanese Translation by Naoko Miki
Published in Japan by Tsukiji-Shokan Publishing Co., Ltd., Tokyo

目次

プロローグ

近年になって、私たちは動物のことをずいぶんよく理解するようになった。野生の動物のドキュメンタリー映像が、自然の中の動物たちのふるまいを――彼らの行動にはどういう理由があるのかを――教えてくれたのだ。そして、おもしろいことに、野生の動物たちの行動を見ることで、私たちはペットである動物たちの行動についても見なおすことになったのである。それは長い間、あまり注意が払われずにいた。野生の動物は興味深いけれど、家で飼う動物は単に言うことをきくだけの存在と思われてきたのだ。でも今では、野生の動物と飼われている動物の両方を観察することによって、そのどちらをもよりよく理解できるということがわかったわけである。

私たちのペットは何千年も前から人間とともに暮らしてきたにもかかわらず、私たちはほんの三〇年前まで（場合によっては今もまだ）、非常に懲罰的な方法を使って犬を訓練していた。初めてテレビで放送された犬の訓練番組〔訳注：一九八〇年にイギリスで放送され、その後他の国でも放送された『Training Dogs the Woodhouse Way』という人気番組のこと。バーバラ・ウッドハウスという調教師が犬の訓練方法を一〇回シリーズで紹介した〕を覚えているだろうか？　アメリカは国を挙げてそれに夢中になり、誰もがチョーク・チェーン〔訳注：引くと首が絞まる鎖の首輪〕を買いに行き、手で正しい合図をしながら甲高い声で飼い犬に

「おすわり」と命令したものだった。それはまだ、かなり威圧的な訓練方法で、罰を与えることが重要な位置を占めていた。

新しい世代の「動物行動学者」たちが「調教師」に代わってペットの問題行動に注目し、神経質だったり、攻撃的だったり、うるさく吠《ほ》えたり、リードで引かれるのに抵抗したりする犬の飼い主に救いの手を差し伸べるようになると、状況は変化した。私たちは犬を、遺伝子学的にオオカミに近い動物として見るようになり、記録映像で見たオオカミの行動とペットの犬の行動を比較するようになった。そうすることで動物行動学者たちは、犬の「問題行動」の裏にある動機を、そして時にはその解決法を、説明することができるようになったのだ。

しばらく前の「ホース・ウィスパラー［訳注：ウマと話をする人、の意］」ブームで私たちは、この大きくてパワフルな動物と人間が協働するには、昔から行われてきたような、人間の意志を強制的にウマに押しつける調教の仕方よりもよい方法があることを知った。モンティ・ロバーツという名の一人の男性が、野生の環境でウマがどんなふうに行動し、ウマ同士がどんなふうに交流するのかを研究し、ウマを手なずけるのに、それまでとは違った、非常に有効な方法があることを示してみせたのだ。実際、ウマは、人間といることを自ら選択する場合があるのである。ロバーツは、ウマのボディーランゲージと、ウマ同士がどうやって互いに心を通わせるのか、そのことに関する知識を、ウマと人間の関係に応用し、驚異的な成果を上げた。調教馬場で何にもつながれていないウマをギャロップさせ、調教師が正しいボディーランゲージを使い、またウマのボディーランゲージを読み取ることによって、はじめのうちは人間のどんな接触からも逃げようとしていたウマが、ほんの数分のうちに調教師の肩に頭を乗せるようにしてあとをついて歩くようになる。この「ジョインアップ」というロバーツの手法を見たことがある人ならば、それがどんなに感動的なことかわかるはずだ。強制するのでも、なだめすかすのでもなく、ウマはただ、喜んで調教師とともにいようとするのである。動物を敬愛する人にとって、動物が自らの意志であなたに近づき、あなたが伝えようとしていることを理解し、あなたが彼らを傷つけるようなことをしない、と信頼してくれるのは、この上ない喜びだ。

ウマと犬はどちらも、そもそもは集団の一員として生活する動物である。彼らの行動様式は、その集団と意思を疎通させる必要から発達したものであり、集団に属することによって、その集団による保護をはじめ、さまざまな利益をこうむる。ある意味ではこの、集団に適合する能力があったがために、人間は彼らを人間という集団に強制的に参加させることができたのであって、私たちが自然な行動と報酬を使って動物とコミュニケーションをとることを学ぶ以前にも、強制という方法はある程度は機能していた。ところが、これが猫となると話はまったく違う、と、猫好きなら誰もが言うはずだ。

猫は、その祖先であるアフリカヤマネコからほとんど変化していない。単独で狩りをし、他の猫と一緒にいる必要もない。ある程度の社交的な交流を楽しむことはあるかもしれないが、それはそうしたいからするのであって、必要だからではない。昔ながらの犬の訓練法を使って猫を命令に従わせようとしたことのある人は、からっきしうまくいかなかったことだろう——猫には、一緒にいて楽しくない関係にとどまる理由は何もない。群れの仲間に助けてもらう必要がないのである。それでも、猫はエジプト時代から私たちの周りで暮らし、猫と人間の関係は互いにとって有益なものだ——猫は害獣をやっつけてくれるし、私たちは猫と一緒にいると楽しいのだ。けれども私たちは、犬と違って、猫を思い通りに作り変えることは決してできなかった——肉体的にも、精神的にも。猫はきわめて自立した存在のまま、それでいて私たちの家、私たちの生活の中に深く入りこんできた。そして私たちはそのことを、まるで当たり前のことのように思ってきたのである。

あるとき私たちは、自然の中の猫のふるまいに注目しはじめた。野生のネコ科動物だけではない。野良猫も、家の中や私たちの膝の上ではなく、外の庭にいるときの飼い猫たちもである。ホース・ウィスパラーと同じように、人々は猫という動物の全貌を明らかにしていった——喉をゴロゴロ鳴らす、フワフワした赤ん坊としてではなく、驚くべき狩人であり、非常に興味深いコミュニケーション・テクニックと、尊厳も能力も失うことなく、猫同士の付き合いと人間のペットであることを行ったり来たりする力を備えた動物として。

現代の生活の中で私たちは、猫が私たちにより近いところで暮らすこと、そして、都会の、あるいは郊外の家の周りで、たくさんの猫たちと縄張りを共有することを、やむを得ず強制してきた。屋外の縄張りだけでなく家の中でもときどきマーキングをしてしまったり、樹の幹の代わりに家具で爪をといだりといった問題も時にはあるものの、猫はよくそれに適応した。猫の行動を研究する学者の最近の世代は、ペットの猫を理解し、彼らの存在を最大限に楽しむためには、彼らの行動にはどんな動機があるのかを知ること、そして、家の中が縄張りであるという安心感と、同時に人間に所有されているという限界の中で、彼らにとって自然な行動がとれるようにしてやることが大切であるのを知っている。猫と会話するのは、何か問題が起きたときにももちろん役に立つ——問題の大半は、猫にとっては自然な行動が、（私たち人間にとって）「不適切」なところで起きてしまった、ということであるわけだが、それは実は、何か困ったことがある、と猫が知らせている信号なのだ。ホース・ウィスパラーのように、私たちは自然な猫の姿を観察し、手を差し伸べなくてはならない——私たちを怖がらず、家の中では違った行動をとることができるようにし、再び調和のとれた状態が戻ってくるように。

飼っている動物に対する見方も、彼らが家の中での自分の立場に不安を感じているときにどうすれば助けてやれるかについても、私たちの知見はずいぶん進歩した。さらに新しいことを学ぶにつれてそれはまだ変化し続けているが、舞台は整った——動物と対話するという手法は定着し、何が私たちのペットを突き動かすのか、それをよりよく理解できるようになること、そして彼らともっと充実した関係を築けるのが楽しみである。

この本は、猫という動物がどのように機能するか、そしてそのことを、日常的に、あるいは何か問題が起きたとき、猫と人間が絆を築くのにどう役立てられるのかを説明している。猫についてもっと知れば、あなたは猫がますます好きになるだろう——そのふるまいや能力ばかりでなく、これほど上手に、実りの多い形で私たちとともに生きることができる、という事実ゆえに。さあ、猫との会話を始めよう。

1 違う世界

あなたがこれまでアフリカのジャングルにしか住んだことがないと仮定して、北極の凍った世界からやってきたエスキモー族の人と対話しようとするところを想像してみてほしい。言葉の違いだけでなく、目にする風景、植生、野生動物、衣服（あるいはその欠如）、そして日常的に起きる危機的状況や繰り返される習慣に至るまで、日々の生活についてごく普通に引き合いに出されることの多くが、はなはだしく違っていることだろう。住まいをもち、体に食べ物を供給して快適な温度に保つ、という目標は同じだが、どうやってそれらを実現するのか、また生きていくためにそれらがどれほど重要かは同じではないのだ。

自分とはまったく異なる種《しゅ》の生き物がどうやって、またどうしてある行動をとるのか、それを理解しようとするとき、彼らには世界がどのように見えているのかを洞察し、彼らが克服しなければならない問題を検証することが非常に役に立つ。

背が高くてかなりぎこちなく直立し、動きの遅い私たち人間が、（光があるかぎりは）優れた視覚、他の人間の声を聞き取るのに十分な聴覚、それに比較的鈍感な嗅覚を携えて、自分たちの世界でどんなふうに生きているか。あらゆる事象は、それを中心に展開している、と私たちは考えがちだ。猫は、私たちと同じ物理的環境で生きてはいても、物の見え方は非常に違っており、その優れた聴覚、嗅覚、触覚を使って、人間がぼんやりと感じるにすぎない事柄にも反応する。猫の体は狩りをするのに完璧にできており、その感覚器官は、私たち人間には想像するのがやっとの、機敏で静かな行動を可能にする。私たちと同じ世界に生きているとはいっても、猫が生きる世界は私たちが見たこともないようなところなのだ――まるでエスキモー族の人がジャングルで目を覚ましたかのように。

あなたがあなたの向こう脛くらいの背の高さで、(静止した状態から)背の高さの五倍のところまで、何の苦もなく跳び上がれる、と想像してみるといい。木に登ったり、洋服ダンスから飛び下りたり、とても薄い塀の上をバランスよく歩いたり、といったことは、老齢の猫にさえ難しいことではない。しなやかな体、音もなくフワフワ歩いていたかと思うとたちまちスパイク底の靴や鉤爪に変身する機敏な足先。猫はほとんどどんな自然条件にも対応でき、北極圏から砂漠まで、どんな条件下でも生きることができる。

猫のバランス感覚のよさと、必ず脚から地上に下りる能力は、ほとんど魔法のようだ。空中を落下しながら自動的に起こる一連の動きを発達させたおかげで、ほぼ間違いなく安全に着地できる。猫はまず頭を水平にし、体の前半分を回転させて地面に向け、それから後ろ半分も回転させる。バランスを失ったときは尻尾で調整し、衝撃を吸収するために背中を弓なりに反らせて、四本の脚で着地するのである。

だからといって、猫は決して落ちて死んだり怪我をしたりしない、ということではもちろんない。そういうことも少なからず起きる。計算を誤ってつたない下り方をしたり、ものすごく高いところから落ちたりすれば、その衝撃で少なくとも脚の骨を折ったりするから、彼らとて魔法使いではないのだ。

この特別なバランス感覚は内耳の構造によるもので、猫が乗り物酔いをしないのはそのせいかもしれない。乗り物酔いというのは、たとえば車や船に乗ったとき、体に対する頭の位置が頻繁に変化する場合に人間や犬に起きる吐き気のことだ。猫は車に乗せられるのが好きではないかもしれないが、大人よりも影響を受けやすい子犬や幼い子どもと違い、通常、乗り物酔いになることはない。

猫は柔軟で、動きが不器用なことはめったになく、その肉体は、人間の最高のアスリートも遠く及ばないような身体的能力を発揮する。そこに、（一部の人間を除いては）天敵がいないこと、目を見張るような狩りの能力があること、どこにいても、人間の助けがあろうとなかろうとその環境に順応する力があるということを加えてみればいい。猫たちの、不可解なまでの独立独歩ぶりと自信たっぷりな態度が理解できるかもしれない。

さて、猫たちはどんなふうにものを感じ、見たり聞いたりするのだろう？　どうして彼らは世界を、人間とはまったく違ったふうに認識するのだろうか？

世界に触れる

仮に人間の体の各部分を、その部分がどれくらい触覚的に敏感かということに比例させた大きさで絵にすると、その歪んだ像（ホムンクルスと呼ばれる）では、手、唇、舌、性器が大きく、背中、脚、足先、腕は比較的小さくなる。あなたがどこでものに触れるか——たとえば親指に刺さっているのはわかっているのだけれど目には見えないとげを見つけるのに指先を使うことを考えると、すぐに触覚に意識を集中させられるはずだ。指でとげを見つけることができないと、あなたは無意識に、さらに鋭敏な器官である舌先を使おうとする。同じように、猫をその触覚の鋭敏さにしたがって図にすると（フェルンクルスとでも呼ぼうか）、やはり頭（特に舌と鼻）は大きく、また足先が巨大である。猫が、何か新しいものを調べたり、捕まえた獲物で遊ぶことを覚えたり、あるいはただ何か、奇妙なものにそっと近づくところを観察してみよう。猫はまず、おそるおそる一度足先でその物体に触り、次にもう少し自信をもって同じことを繰り返し、それから近づいて、鼻でそれを検分する。猫の肉球は、接触や振動に非常に敏感だ——肉球をなでられるのを嫌がる猫が多いのは、おそらくそれが理由だろう。足をくすぐられるのが我慢できない人がいるが、その感覚と似ているのかもしれない。

奇妙なことだが、触覚が敏感であるにもかかわらず、猫の肉球は熱いもの、冷たいものには鈍感だ。猫の体で温度に敏感なのは鼻と上唇だけで、猫はそれらを使って食べ物や周りの環境の温度を推定する。子猫のときは、その敏感な鼻で、熱追尾式ミサイルのように母猫の温もりを追いかける。生後わずか一日で、子猫は温度勾配を察知してそれにそって動き、寒いところや硬いところを避けて、母親の隣という、一番暖かくてやわらかい場所に到達するのである。

猫は鼻と唇を使って周囲の環境や食べ物の温度を感知することはできるが、体のそれ以外の部分は温度の高低には比較的鈍感だ。飼い猫が熱くなっているコンロの天板に無造作に跳び乗ったり、まだ完全に消えていない薪の燃えさしの前で丸くなって毛を焦がしたりして、びっくりする飼い主が多いのもおそらくそのせいだろう。人間は、四四℃以上のものは熱すぎると感じてそこから遠ざかる。猫の場合、それよりずっと高い温度、約五二℃までは平気なのだ。だから猫は、燃えさかる火の真ん前に座ったり、高温の暖房用ラジエーターの上に座ったりしてもご機嫌なのである。

猫にはまた、「触点」と呼ばれるものがたくさん（一平方センチの皮膚の中に約二五個）ある。これは、皮膚の中で、接触に感応する神経が集中している部分である。猫に細かい霧状の水を浴びせると、わなわなと震えることがある。小さな水滴がそうした皮膚の敏感な部分に一つひとつ届くにつれて、皮膚が順番に反応し、文字通り「波打って」見えるのだ。

猫の目を通して世界を見る

猫の目の構造は他の哺乳動物のそれとよく似ているが、独特の特徴や利点もある。今では猫の視覚はモノクロではなく、いくらかは色を認識できると考えられている。テレビ画面の彩度を下げて、青と緑がかろうじて見分けられるくらいにし、どんよりした赤はグレーであると想像すると、猫が世界をどんなふうに見ているのかがほぼわかる。

猫は、獲物である齧歯動物のほとんどが活動する黄昏《たそがれ》時に狩りをするので、色彩が見える必要はあまりない。黄昏の光はとても不思議で、あらゆる色が薄く、褪せて見える。まだ明るい、と私たちは思うかもしれないが、実際には見ているものを識別するのが非常に難しい。黄昏時に交通事故の危険性が高まり、目立つように白いものを着ろと言われるのはこれが原因だ。けれども猫は、この時間になると本領を発揮する。

猫の目は、日中人間の目に見えるほど細かいところまでは見えないし、近くにあるものには焦点があまり合わない（猫が一番よく見えるのは二～六メートルくらいの距離のところである）。が、動きを追う、ということにかけては、ほんの小さな動きも見逃さない。猫の脳にある特殊な神経細胞が、ごくごく些細な動きにも反応する。狩りをする動物にとっては、明らかな利点である。猫の反射神経は電光石火のごとくで、そこに獲物との距離を正確に判断する能力が加わって、猫は圧倒的なスピードで獲物に近づくことができる。ところがもしも獲物が静止すると――多くの動物は身を守る術《すべ》としてそれを覚えるわけだが――猫は獲物を見失うことがある。でもその前にその小動物の居場所を正確に突きとめていれば、猫はおなじみの、お尻をモゾモゾと動かす動作をする。これは、追う側の視界をわずかに変化させ、動きに敏感な目を刺激して、実際に攻撃にかかる前に獲物の位置を再確認するためだ。

猫の目は頭のサイズのわりに大きく、猫の魅力の一つは、そういう意味で人間の赤ん坊に似ているからだといわれる。人間の赤ん坊と同じく、子猫は生まれたとき青い目をしている［訳注：白色人種は生まれたとき目が青く、成長して色が変わる人が多い］。でも猫の目の最も素晴らしい特徴は、成猫になったときの目の色だろう——黄色、緑、青、紫、オレンジ色、と、さまざまな美しい色を見せる。虹彩《こうさい》と呼ばれる部分のこうした輝くような色彩には特に機能はなく、レーシングカーを彩る美しい塗装と同様に、その下にある非常に特別な機械を覆っているにすぎない。虹彩の筋肉は瞳孔の大きさを調整して、適切な量の光が目に入るようにする。それはまるで、瞳孔にかかったカーテンのように見える。閉めきってしまえば、目にはほとんど光が入らない。強い太陽の日差しの下では、目の中央に細く黒い線が縦に入っているだけかもしれない。こうやって、目の奥にある網膜という敏感な細胞の膜を、過剰な露出から守っているのである。暗いところでは虹彩が縮み、瞳孔が広がってより多くの光が目に入る。

猫にとって、日が沈んだからといって何もかもが闇の中に消えるわけではない。瞳孔は直径一センチほどまで広がることが可能なだけでなく（そのときは目全体が黒く見える）、網膜の後ろにある特別な細胞の層が、途中で吸収されなかった光を反射し、目には像を捉える二度目のチャンスが与えられるのである。タペタム（輝膜《こうまく》）と呼ばれるこの色素層は鏡のような役割を果たし、夜、車のヘッドライトに照らされた猫の目が金色や緑色に光るのはこれがあるからだ。古代エジプトで猫が聖なるものとされた理由の一つは、この輝く目だった。フラッシュを使って撮った写真で猫の目が、いつもの暖かな黄色やオレンジ色でなく蛍光グリーンに光っているのも、同じくこの膜が原因だ。おもしろいことに、シャム猫の青い目は、フラッシュを使って撮った写真では真っ赤に光る。これはシャム猫のタペタムが、他の猫とはちょっと違った組成になっているからだ。本当の目の色の美しさを捉えたくて写真を撮る人が多いので、緑色に光る丸いものが二つ写っていればがっかりする。庭など戸外で、自然光を使ったほうが、本当の目の色が美しく撮れるはずだ——ただし、じっとしているように猫を説得できればの話だが。

瞳孔が大きく開いて目が光を捉えるチャンスが二度あるだけでなく、猫の目の網膜には特別に敏感な神経細胞があって、そこに当たる光に反応する。これによって猫は、私たち人間の目が必要とする光の六分の一の明るさでものが見えるのである。猫は、科学的な計測器の多くが計測不可能なほどのわずかな光の中でも目が見える。黄昏の光はおそらく、猫にとっては、私たちにとっての日中の光と同じなのだ。

猫の目は、驚くほど敏感なだけでなく、猫の気持ちの指標にもなる。目は魂を覗く窓であるといわれ、喜び、恐れ、興奮などは瞳孔を開かせるが、それについては後述する。

触って「認識」する

認識する、というのは、単に目を通して物を見るというだけのことではない——目が見えない人なら誰もがそう言うはずだ。それ以外の感覚器官も、動物が何かを「認識」するのに役立つのである。猫のひげは非常に敏感な器官で、見る・感じる、といった機能を果たす。あなたの猫を逆光の中で横から見ると、上唇に十数本のひげがはっきり見えるだけでなく、目の上とあごにも生えていることに気づくのではないだろうか。同様の硬い毛（実際には洞毛《どうもう》と呼ばれる）は、肘《ひじ》にあたるところにも生えている。これらの洞毛は、その周囲に、非常に感度の高い一種の「場」を形成し、動くものに――かすかな風にさえ――反応して、必要なら警戒態勢に入るのだ。

猫のひげは、皮膚の内側の、他の体毛が生えるよりも深い層から生えており、てこのように作用して、曲がりながら、どんな些細な動きも増幅させる。それが神経終末を刺激し、神経終末は動きの速度と方向を感知して、猫の周囲の状況について詳細な情報を提供するのである。空気が何かに当たって起きるかすかな乱れさえも感知し、そのおかげで猫は、目には見えなくても、そこにあるものの存在を「感じる」ことができると考えられている。こうして神経に与えられた刺激は、目から入った情報と同じ経路をたどって脳に伝わる。すると脳は、この二つの器官から伝わった情報を使って、周囲の環境を立体的な像に構築するのである。

ひげのない猫は、暗いところや狭い場所を通るとき、とても不安げだ。薄暗がりで、できるかぎり光を入れるために瞳孔が開ききっているとき、目の焦点は近いところにあるものに合いにくくなる。そこで猫は、自分のすぐ近くにあるものを検知するのにひげを使うのだ。ひげに何かが触れると、猫は反射的に目を閉じて、跳ね返ってきた小枝や草で目が傷つかないようにする。植えこみや雑草の中、小さな穴の周りを動きまわる獲物をじっとにらんで狩りをする猫にとって、これは絶対不可欠な防護手段である。目が悪い猫は、歩くときに頭を左右に振り、ひげを地雷探知機のように、あるいは視覚障害者の白杖のように使って、地面の割れ目や障害物などを避ける。アメリカでは、目の見えない犬のなかには、

「猫のひげ」を装着してもらうものもいる。やわらかいプラスチックでできた棒状のものを、顔の両側にくるように首輪に取りつけるのだ。すると犬は、触覚を使って家の周りを上手に歩きまわれるようになり、ひげが触れた障害物を避けて通ること、ひげが地面に触れなくなったら、階段から落ちないように立ち止まることができるようになったのである。「猫のひげ」を装着したおかげで、自立した生活を取り戻したのだ。猫に感謝すべきだろう。

猫はまた、獲物にとどめを刺すために飛びかかり、その歯と爪で獲物を捕らえるときにも、ひげで獲物に触る。狩りをする猫はとても興奮し、体にはアドレナリンというホルモンが満ちている。アドレナリンによって目の瞳孔は大きく開き、猫は、自分がくわえているネズミのような、すぐ近くにあるものに焦点を合わせることができない。咬んで殺すためにはネズミの首のどの位置を咬めばいいかをさぐるのに、猫はひげを三本目の手のように使うのである――私たちにもそれがあったら便利だが。

あなたの猫の顔をよく見ると、上唇に並んで生えたひげの合間に、ほくろのように見える黒い点々がたくさんあるのに気づくのではないだろうか。この黒い点をライオンで研究したところ、その位置や、点がつくる形は、人間の指紋が一人ひとり違うように、一頭一頭異なっていることがわかった。人間に飼われる猫の黒点を研究した人はまだいないし（黒猫の場合はちょっと厄介だ）、いずれにせよ私たちは他の、もっとずっとわかりやすい目印で猫を見分けることができる。とはいえ、これは興味深い事実だ。

聴覚

昔から、耳がいいペットといえば犬、と思われてきた。それが、吹いても音のしない笛を鳴らす超音波ホイッスルの流行にもつながった――少なくとも犬にはその音が聞こえているのだ、と信じつつ。だが結局ほとんどの人が、大声で叫んだり口笛を鳴らしたりというさんざん使われてきた方法に戻ってしまったという事実は、自分の犬がちっとも言うことを聞かないのを認めたというよりも、自分が見たり聞いたりできないものに対する私たちの信頼の欠如を物語っているのだろう。実をいえば、聴覚の鋭敏さにかけては、猫は、犬に聞き取れる音よりさらに高い周波数の音を聞くことができる――最高六〇キロヘルツである。人間はせいぜい二〇キロヘルツまでしか聞き取れない。つまり私たちは、猫の主要な獲物である小さな齧歯動物がたてる高い音の多くは聞き逃しているのである。

猫の耳はよく動き、左右別々に一八〇度回転して、頭を動かすことさえせずに、周囲の音のすべてを拾うことができる。猫は日なたで眠っていても耳をレーダーのアンテナのように動かして、危険を示す気配や獲物のたてる音はしないかと、周囲の状況に耳をそばだてる。外耳はそれぞれ三〇個の筋肉によって制御されていて（人間はたったの六個）、それが内耳へと音を送りこむ。音で獲物の位置を正確に割り出せるということは、獲物の居場所を特定するために視覚だけに頼ることなく、すぐに素早く動けるということを意味する。ある夏の夜、私の家の庭で起きた小さな出来事は、その見事な例だ。狩りの達人である黒白猫、ブレットが、捕まえたばかりのネズミをくわえて庭を横切るのが見えた。夫と私はネズミを助けるために急いで外に出たが、全速力でブレットのほうに向かう途中、ブレットはネズミを地面に落として走っていってしまった。私たちは、そのネズミの様子を見て安全なところに放してやろうと（ブレットがうろうろしている庭にそんな場所があればの話だが！）、短く刈りこんだ芝生の上で必死にネズミを探した。背が高いという利点もあるのだし、すぐに見つかるだろうと思いながら私たちは、見つけ次第ネズミを抱き上げようと腰を屈めて、二人で夢中になって探した。と、突然、脇からブレットが走ってきて、優雅な身の一振りとともにネズミをくわえ、植えこみの中に突っ走っていった。ネズミはずっと私たちのすぐ目の前にいたのに、二人ともそれが見えなかったのだ。ブレットは、はるか遠くからネズミを見つけ、その動く音を聞きつけて、確実かつ素早い一撃で獲物を仕留めた。私たちはそんなブレットの利口さに腹を立て、ブレットより先にネズミを見つけられなかったこと、せめて二人で手分けをして、片方がブレットを家に入れなかった自分たちに腹を立てた。

自分たちが介入してそういう動物を助けるべきなのか、あるいは自然に任せるべきなのかは、悩んでしまうことが多い。非常に狩りがうまいブレットを相手にいろいろなやり方を試した結果、私は、今捕まったばかりで、おそらくはまだそんなにひどく傷つけられていない場合は別として、捕まった生き物を助けようとしても無駄だという結論に達した。ブレットはよく、小鳥やネズミをくわえて家に入ってくる。ブレットが口にくわえた獲物を放させるのに一番いい方法は、体の上に布をかけることだ（皿拭き用の布巾が便利）。力ずくで無理やりに放させようとするよりこのほうがずっと効果的である。すると小鳥はキッチンを飛びまわって、冷蔵庫の後ろから救出する羽目になるのだが、たいていの場合、ショック状態にあるだけでひどい怪我はしていないから、外に放してやることができる。残念ながら、怪我をした鳥や小動物を生かそうと世話をして成功したことはついぞない。だから、その獲物がひどく怪我をしている様子ならば、手当てをしようとして実際にはその苦しみを長引かせることになるより、ブレットから取り上げることはせず、ただ、さっさととどめを刺してくれることを願うのだ。

猫は、目が見えなくても、触覚と聴覚を使って地面にあるおもちゃを追いかけて遊ぶし、獲物を捕ることもできる。見ている人は猫に視覚障害があることさえ気づかないが、おもちゃを持ち上げると猫はたちまちそれを追いかけることができなくなる。なぜなら空中のおもちゃは、振動も摩擦も起こさず音もたてないので、猫はそれらを使ってその位置を特定することができなくなるからだ。この優れた聴覚と、近くにあるものの場合はひげを使って、猫は視覚障害を実に上手に克服する。また猫の世界は、私たちの耳には小さすぎたりピッチが高すぎたりして聞こえない音が満ちあふれているが、音の魅力を使って飼い猫と遊ぶこともできる。多くの猫は、狩りで狙いを定める相手が出す音に似た、パリパリ、キーキーという高い音を出すセロハンなどの素材を使って遊ぶのが好きだ。

このように猫は聴覚が鋭いので、多様な語彙《ごい》を使ってコミュニケーションができる。子猫がミーミー鳴くような高い音にも反応するし、私たち人間や他の猫に対して多様な音を使う。一九三二年にはフランスの研究者が、ある鋭い「ミー」という音が猫に性的な刺激を与える、と報告した。オス猫のギャーギャー鳴く声はおそらく、他のオス猫を興奮させて近づかないようにし、メス猫を交尾する気にさせるのである。楽器の演奏に反応を示したり、特定の高さの音に反応する猫もいる。ある科学者は、中央ハ音に調律したホイッスルに反応するように猫を調教したところ、猫はそれと半音しか音程が違わないホイッスルを聞き分けられることがわかった——人間でも、できない人が多い芸当だ。猫は、飼い主の足音や車のエンジン音など、耳慣れた音を覚えるし、食事時の、ナイフやフォークの入った引き出しが開く音や缶切りの音がすれば飛んでくる。耳に届く音のすべてにいちいち反応していたら、猫の脳は膨大な量の情報で常にあふれてしまい、危険や食べ物、問題を意味する音を判別できないだろう。そこで猫には、重要でない音、聞き慣れた音は背景音として弱め、同時に耳慣れない音は聞こえるままにすることができる。ちょうど、電車の線路近くに住んでいる人は電車が通るのに気づかないけれど、訪ねてきた人は、いったいどうしたらこんなひっきりなしの轟音にここの住民は耐えられるのだろう、と不思議に思うようなものだ。白猫のなかには生まれつき耳が聞こえないものがいる（毛の色と関係した遺伝的な特徴である）し、年寄りの猫は晩年、耳が聞こえなくなることもあるが、その他の感覚器官のおかげで、かなり普通に生活を続けることができる。耳が聞こえない人の場合と同じく、耳の聞こえない猫も足先で「聞く」ことを覚える。目の見える人は感覚が視覚と聴覚に偏っているせいで感じることができない振動を、猫の足先は感じるのである。

嗅覚と味覚

ここまで読んであなたが、猫の知覚を——すなわち、色彩はパッとしないが暗視に非常に優れた視力と、敏感にものを「認識」するひげと、音が「聞こえる」足先を——もっているかのように、猫の棲む世界を想像しはじめているとしたら、そろそろ、さらに不思議な世界に足を踏み入れてもいい頃だ。それは、強烈な匂いに取り囲まれ、まるで、さまざまな色や質感や味の液体が、周囲の状況の過去と現在についていろいろな情報を送ってくる中を泳いでいるような、そんな世界である。私たち人間の視覚と聴覚は猫の基準からいってもかなり優れているが、嗅覚となると、猫に比べて人間はひどくお粗末である。

猫は、人間と同様の嗅細胞を鼻の内側にもっていて、それで空中に浮遊する物質を嗅ぎ分ける。嗅細胞がある粘膜はハンカチくらいの大きさで、それが何回も何回も折り畳まれたようになっている。だが人間の鼻の粘膜と比べるとそれは二倍の大きさがあり、二億個を超える細胞のはたらきが、猫に驚くような嗅覚をもたらしている。犬はさらにそれよりも多くの嗅細胞をもっているが、何となれば犬は獲物の匂いを追わなければならないのだ。猫は狩りの際に鼻で追跡することはなく、聴覚と視覚を使って獲物に忍び寄る。猫の嗅覚はむしろ、他の猫、または、人間や猫以外のペットなど自分が属する集団の他のメンバーがうっかり残したメッセージやしるしを読み取る、コミュニケーションのツールとして機能する。

猫は、舌にある味覚受容体を使って、舐めたり、舌ですくって飲んだり、噛んだりしたものを識別する。また猫の舌は、味を感じる器官であると同時に櫛としても機能する。中央部に、鉤針状の突起が後ろ向きに並んでいて、獲物を押さえつけたり、食べ物を舐めとったり、もつれた毛をときほぐしたりするのに使われるのだ。舌の上の細胞は温度と味——水の味さえも——に敏感だが、おもしろいことに、猫は甘みを感じない（チョコレートやケーキを喜んで食べる猫もいて、人間なら甘い物好きといったところだが、実際にどんな味がしているのかは謎である）。猫は基本的に肉食なので、タンパク質を構成する化学物質に猫の味覚が刺激されるとわかっても不思議ではない。違った種類の肉の脂肪は味が違うだけでなく、猫は匂いでそれらを嗅ぎ分ける。だから鼻のきく猫は、通りがかりにちょっと匂いを嗅いだだけで、チキンやビーフにはそっぽを向き、スモークサーモンをくれと要求したりするのである。

優れた嗅覚と選り好みの激しい味覚だけではまだ足りなければ、猫にはもう一つ、味覚と嗅覚を組みあわせる方法がある。空気中の化学物質（つまりそれが匂いの素なのだが）が口の中に閉じこめられると、猫は舌を口蓋《こうがい》の上部に押しつけて、口蓋上部にあり、前歯のすぐ後ろに開口部がある、軟骨でできた長さ一センチ強の細い管に化学物質を送りこむ。この管は、鋤鼻器《じょびき》、またの名をヤコブソン器官といって、これがあるおかげで猫は匂いを濃縮させ、また同時に味わうことができるらしい。発情期のメス猫の尿などに含まれるある種の匂いを嗅ぐと、猫は奇妙な行動を見せる——動きを止め、首を伸ばし、口を開けて上唇を持ち上げるようにするのだ。こうやって、できるかぎりの空気をヤコブソン器官の開口部に送りこみ、匂いを嗅ぎ、味わうのである。猫は、こうして吸いこんだ空気を、通常の呼吸をしながら器官の空洞部分にためたままにしておくことができる。しかめっ面をしているかのようなこの反応は「フレーメン反応」と呼ばれる。シカやウマもフレーメン反応を見せるが、体がより大きく、頻度も高いのと、より社会性のある動物であることから、猫のフレーメン反応よりもわかりやすい。

フレーメン反応は、メス猫の尿の匂いを嗅ぐオス猫により頻繁に見られるが、メス猫もするし、去勢されていてもいなくても関係ない。私は、飼っている猫のフラートが、初めて私たちの赤ん坊の濡れたおむつの臭いを嗅いだときにフレーメン反応をするのに気がついた。マタタビにこの反応を起こすこともある。マタタビに含まれるある種の化学物質は、約五割の猫を陶酔させるようだ。猫は足をふらつかせ、転がり、交尾の前にするように地面に体をこすりつけて鳴き、かなり興奮した様子を見せることが多い。その匂いが、さかりのついたメス猫が発する匂いに似ているのかもしれない。マタタビは顎と頭の皮膚を敏感にし、そこにある臭腺を刺激する結果、猫は近くにあるものに手当たり次第に体をこすりつけるようになるのだという説もある。この場合もやはり、去勢されていないオス猫のほうがメス猫より熱烈な反応を見せる傾向にあるが、マタタビがもたらすこの陶酔状態を楽しむ猫は多く、まさにその理由から、猫のおもちゃにはよくマタタビが入っている。マタタビの匂いは、マリファナやＬＳＤが人間に作用するのと同じ生化学的経路に影響を与える。ただし猫の場合、その影響は短時間で、依存性もなく、無害である。こういう反応を見せるのは飼い猫だけではない――アフリカのライオンさえも、マタタビに体をこすりつけたり、その上で転がったり、齧《かじ》ったりする。

年寄りの猫や病気の猫、特に気道感染症を患っている猫は、嗅覚と味覚が鈍り、食欲が衰えることがある。食べ物を体温くらいに温め、匂いがするようにして与えたり、スモークした魚やレバーなど、強い匂いがするものを与えると、味蕾《みらい》を刺激して、食欲を取り戻す助けになるかもしれない。

猫の嗅覚がどれほど鋭いか、また猫は他の動物や猫について匂いから何を知るのか、そのことを理解

フレーメン反応

フレーメン反応に気づくには、猫をよく観察しなければならない。猫は頭を上げ、唇をちょっと持ち上げて、口蓋にある特殊な器官に空気を吸いこんでその味と匂いを味わう。
約５割の猫が、マタタビの匂いを嗅ぐと同じように反応する。マタタビは、ＬＳＤが人間に影響するのと同じ生化学的経路に影響を与えると考えられるが、猫の場合その影響は短時間で、無害で、依存性もない。
マタタビはまた、体をこすりつけたり、転がったり、ニャーニャー鳴いたりという反応を猫に引き起こすので、猫がそうやって遊ぶように、おもちゃに入っていることも多い。

すると、餌をやったり、トイレの掃除をしたりする際の参考になるし、猫の行動がよりよく理解できるようになる。

第六感？

昔から、猫には自然災害や天候の変化を予知する不思議な能力がある、という話はあとを絶たない。その多くは、嵐や火山の噴火、地震、あるいは自然災害以外の出来事、たとえば空襲の前に、猫がおかしな行動をとる、というものだ（第二次世界大戦中、猫を飼っていた家庭の多くは、猫が早期警報の役割を果たすことにまもなく気づいた。猫は、空襲警報が鳴るより前に動揺したそぶりを見せたのである）。母猫が子猫を、洪水、土砂崩れ、溶岩流などでのちにめちゃくちゃになる家の部分から別のところにあらかじめ移したとか、部屋に閉じこめられた猫が必死で外に出ようとしたという話も多い。一九七九年に起きたカリフォルニアの大地震の直前にも多くの猫が見せたこの予知行動はアメリカで真剣に取り上げられ、地震学者たちは現在、一万人を超えるボランティアの協力を得て、二〇〇種を超える動物の行動を観察・研究している。観察している動物の奇妙な行動に気づいたら、ボランティアの参加者は地震学者の緊急用直通電話に電話しなければならない。同じことは中国でも行われており、一九七五年には、猫やその他の動物の行動にもとづき、海城市一帯を巨大地震が襲う二四時間前に住民を避難させた。猫は間違いなく、とっくに逃げていたことだろう。現実的に考えると、地震が起きる可能性の高い地域に住んでいるならば、どんな事前警告もありがたいではないか。

猫がなぜこういう出来事を予知できるのかについてはいくつもの説がある。雷雨のときは、膨大な電気が雲の中に放たれ、電磁波が空中を何百キロも拡散する。大気は陽イオンに満たされ、それが脳の中の特定の化学物質の濃度に影響するといわれる。その結果、雷の前に頭痛がするという人がいる。猫は人間よりはるかにこうしたイオンに敏感で、脳に起きた変化によって、気分や行動の仕方が劇的に変化するのかもしれない。また猫は、ヤコブソン器官を使って大気中にごく微量含まれる粒子を抽出し、それがこのあと起きるもっと激しい変化を警告するのかもしれない——たとえば、火山が噴煙を上げはじめ、それとともにガスが放出されるが、まだ大きな噴火の兆候は見えない、といった場合である。猫によっては激しい雨の前に耳を前足でこするといわれる。おそらくは、気圧の変化が敏感な内耳を刺激するのに反応しているのだろう。

猫の足とひげは振動に敏感なため、地震の前に起きるごく微細な振動を感じ取ることができるのかもしれない。振動に気づき、超音波を聞き取り、磁気変化を察知する猫の能力を考えれば、嵐や地震の前兆は猫にとって、私たちにとっての空襲警報と同じくらい明らかなことであり、人間が気づくよりずっと前、まだほんの些細な段階で察知できるのかもしれない。

地震その他の物理的現象の予知は現代科学で説明できるかもしれないが、猫の「第六感」については他にも厄介な謎がいくつもある。長らく留守にしていた飼い主が戻ってくるのを、明らかな予告もないのに察知する猫の例が多数報告されている。休暇旅行先に置き去りにされた猫が何百キロも歩いて帰ってきたり、飼い主が引越したあとにもとの家に戻った猫の例も多く、そのなかには単なる逸話としてではなく、証拠のあるケースもある。たしかに猫は驚くような方向感覚をもっているように見える。これは、体に備わった磁気に対する敏感さのおかげで、ハトに見られるのと同じような帰巣性をもっているためかもしれない。猫はまた、おそろしく正確な「体内時計」をもっていて、毎日同じ時刻に学校から帰ってくる子どもを迎えに出たり、毎晩同じ時刻に餌のボウルの前で待っていたりする。

さらに不思議なのは、家から遠く離れた、一度も行ったことのないところまで飼い主を探しに行く猫の話だ。その一例が、三〇〇キロ離れた新しい家に飼い主が越すことになっていた猫である。引越し当日、どうしたわけか猫は置き去りにされてしまったのだが、なんと後日、引越し先に現れたのである！いったいどうやって正しい方向を割り出せたのか、ましてやそれほど遠くの引越し先の家をどうやって特定できたのかは完全な謎だが、こうした話はこの一件だけではない。これと似た不思議な出来事の報告例は十分にあって、猫が、いや、一部の猫は、どうしてこんなことができるのか、もっと知りたいと思わずにはいられないのである。

猫の世界に入るコツ

想像力を働かせて猫の皮膚の内側に入りこみ、猫の目を通して物を見れば、まったく新しい世界が目の前に開ける。たとえば……

・裸足で歩くとき、一歩一歩、あたかも手のひらで歩いているようなつもりで、質感と振動を確かめてみる。
・高いところに登りたいので、何のためらいもなしに七メートル上まで跳び上がってみる。
・一番高い飛びこみ台から飛びこむが、お腹で水を打つ代わりに、アクロバットのごとく空中で体をねじって足から着水する。
・背骨がものすごくしなやかで自在に曲げたりねじったりできるので、舌で背中を舐めたり脚を頭の上に上げたりできる。
・体全体としては温度の変化に比較的鈍感だが、鼻と唇だけは人間の指先と同じくらい敏感である。

・周りの世界が、くすんだ青と緑で、物の輪郭がぼやけて見える。
・夜、完全な暗闇を歩いてもつまずいたりせず、夜間の行動の際に軍隊が使う赤外線カメラを使っているように物が見える。
・顔の周りに「場」を作っている毛があって、暗いところでクモの巣の横を通りすぎたときよりももっと些細な空気の流れを感じることができる。
・ごくかすかなネズミの鳴き声を聞き、その場所をたちどころに特定できる。
・目を閉じて部屋に入り、そこに誰がいるかだけでなく、最近まで誰がそこにいたかがわかる。
・匂いに味を感じ、肉をその匂いで区別できる。

2 猫の言語

猫は卓越した感覚器官をもっているが、それらは単に日々の食料捕獲のためだけに使うのではない。そうした感覚器官のおかげで猫は、ボディーランゲージ、声、それに匂いを使って、他の猫や私たち人間とコミュニケーションをとり、豊かで複雑な社会生活を楽しむことができるのだ。ちょっと観察すれば私たちにも猫のボディーランゲージの一部は理解できるし（もっとも、微妙なところは私たちにはわからないだろうが）、猫の鳴き声や喉をゴロゴロ言わせる音の抑揚を解釈することも可能である。三つ目の、匂いという手段となると、私たちにはまったくわからない――ただし、「幸運にも」オス猫がマーキングのためにした尿スプレー「訳注：二二〇ページ参照のこと」の匂いを嗅げば別だが。だが、猫のすべての感覚機能の中で最も優れているのが嗅覚であり、嗅覚は、猫が一瞬たりとも欠くことのできない、その生活の一部なのである。

匂いでおしゃべり

目が見えず無防備な生まれたばかりの子猫は、よく発達した嗅覚と触覚、それに温かさを感知する力を使って母親の乳首を探し当てる。そして子猫は匂いによって自分専用の乳首を覚え、乳を吸うたびに同じ乳首に戻ろうとする。母猫は子猫を、その匂いと、子猫の体についた自分の匂いで見分け、こうしてコミュニケーション手段としての匂いの重要性が確立する。

匂いのやり取り

猫は、顎、唇、こめかみ、そして尻尾の付け根に臭腺という特別な腺があり、猫一匹一匹に固有の油性分泌物が生成される——いわば猫の名刺だ。猫はこの匂いを使って、自分の周囲の場所、他の猫、自分のグループに属する人間や他の動物にマーキングをする。猫をなでると、顎、唇、頭をあなたの手にこすりつけるのにお気づきだろう。こういう特定の部分に触れると、猫は、ただ普通に頭や背中をなでるときよりもいっそう嬉しそうに見える。そういうところをコチョコチョすると、猫の匂いがより広く拡散し、私たちの匂いと混ざる。ライオンは、頭をこすりあわせ、匂いを互いになすりつけることで、群れの中の友好的なメンバー全員の匂いが混ざりあった、集団として共有する匂いを作り出す。こうすることで互いを認識しあい、侵入者があればすぐに気づくのである。ある集団に受け入れられるためには、新参者はまずグループと混ざりあい、そのグループのアイデンティティーを獲得しなければならない。その集団に属する権利を獲得するまでは、新入りは多少の疑いの目で見られることだろう。この「試験採用期間」の間に、新入りのライオンは少しずつそのグループの匂いを身につけていく。そしてそれはもちろん、彼自身の匂いが混ざることでまた少し変化する。そうして初めて彼はきちんとした「メンバーシップカード」を手にし、私たちが新顔を受け入れ、記憶するように、他のライオンたちによって認められ、迎え入れられるのだ。

意識的に気づくことはないかもしれないが、人間にも匂いでものを判別する力は若干残っている。人間を対象にした実験は、母親が、自分の子どもが着たTシャツの匂いを識別できること、生後数日の自分の赤ん坊の匂いがわかることを示した。ある母親とその子どもが着たTシャツの「家族臭」を嗅ぎ分けた人もいるし、シャツについている自分自身の匂いや配偶者の匂いに気づくこともできた。つまり私たち人間もまた、家族や自分のグループの匂いを識別する能力はある程度もっているのだ。香料を含む制汗剤や体臭防止剤が人気の現在、私たちは懸命に自分の体臭を消そうとする。自分の体臭を不快と感じることが多いのに、私たちが使う最も高価な香水の中には、ジャコウネコというアフリカやアジア原産の猫に似た動物をはじめ、さまざまな動物の肛門嚢からの分泌物が含まれている。

ペットとして飼われている猫の場合、その猫が属するグループ、住処、縄張りには、間違いようのない匂いがある。新しい匂い――たとえば赤ん坊の匂いや遊びにきた他の動物の匂い、あるいは新しい家具の匂いなども、安定していた匂いを変化させて猫と周囲の環境との調和を崩してしまう。それは普通はほんの一時的なことだが、非常に敏感な猫や動揺しやすい猫の場合、不快な匂いがあると、家の中で尿スプレーをするといった問題を起こす場合がある。猫は、試練やイライラの種があると、知らない匂いによってもたらされた不安を克服するために、住処に自分の匂いを加えて自信を取り戻そうとするのだ。こういう問題に気づき、対処するためのヒントを、この本の後半でご紹介する。

さりげないメッセージ

お互いをよく知っている、仲のいい二匹の猫が出会うと、頭、脇腹、そして尻尾をこすりつけあい、匂いを交換しあって挨拶をする。ちょうど私たちが知り合いと握手やキスをして、軽い会話を交わすようにである。尻尾をまっすぐ上げた姿勢は、尻尾の上と下に臭腺がある肛門部をお互いにチェックしやすくする。猫をなでるとき、あなたの手が背中にそって動くのと同時に、猫が後ろ脚の爪先で立って尻を空中に持ち上げるようにするのに気づいたことがあるかもしれない。実はこれは、臭腺を空中高く持ち上げて匂いがするようにし、あなたにそこを検分してもらいたくてしていることなのだ。猫が体を舐めるとき、後ろ脚を前に伸ばして座り、肛門と性器の周辺から外向きに、腿、そして尻尾に向かって舐めていくのは、普段、猫が歩くときには尻尾で隠れている広い範囲に自分の匂いを拡散するためだ。また、広い範囲に拡散するだけでなく、グルーミングは臭腺を刺激して分泌の量も増やす。猫は知り合いの猫や人間に会うと、素早く尻尾を上げて匂いを振り撒き、もっとよく匂いを嗅いでくれとうながすのである。

猫はまた、自分の縄張り内に、他の猫に見つかるように自分の匂いを残す。小枝や木の葉に軽く体を

スリスリ

猫が、人や他の動物、また家の中や庭にあるものに自分の体をスリスリするのは、単に何かに触れたいという欲求を満足させるためだけでなく、かすかな匂いのマーキングをするためだ。
顎や唇の周り、尻尾の付け根にある臭腺は、その猫固有の匂いを分泌し、猫はその分泌物を自分の縄張りや仲間に塗りつけて、グループやその一帯の匂いを作る。

こすりつけて、自分の匂いがする油性の分泌物をなすりつけるのだ。また、わざと顎を何度も棒の先端にこすりつけ、人を嘲笑しているみたいに上唇をめくり上げて、口の周りの臭腺からの分泌物を塗りつける。こういう「匂い棒」に他の猫は非常に興味を示し、棒から棒へ、自分の匂いをその上からなすりつけながら移動したりする。棒を一本一本調べることで猫には、他の猫がいつ、どちらの方向に歩いて行ったかがわかり、また自分自身のメッセージを残すことができるのだ。これは、他の猫に向かってメッセージを残すだけでなく、メッセージを残す猫に自信を与える。

猫が縄張りの巡回中にすり抜ける塀や生け垣の狭い隙間にもまた、体の脂や匂い、それに毛がこびりつき、そこを通った猫について、あるいはそれが誰の縄張りであるかについて、同様の手がかりを残す。

猫はよく、一つの縄張りを他の猫と「タイム・シェア」する。だからそこが自分の縄張りである間は、自分におなじみの匂いに囲まれたいのかもしれない。ちょうど、ホテルに泊まるとき、自分の荷物を全部、部屋中に広げるようなものだ――そのほうが落ち着くからである。猫にはそれぞれ固有の縄張りがあって、他の猫はそこには入れない、というかつての考え方は今では否定されている。狭い範囲にたくさんの猫が集中している都市部ではなおさらだ。通常は、より自己主張が強い猫がいつでも好きなときに自分の縄張りを自由にする。そしてそれは、明け方や黄昏時など、狩りをするのに重要な時間帯であることが多い。そういうとき、他の猫はそのあたりにいるのを避けるが、たとえば日中、ボス猫に追い払われる可能性が低い時間帯にその縄張りを使う。彼らには、その縄張りは時間限定でしか使えないのである。

ひっかいたりクンクンしたり

猫の汗腺は体中にあるが、そのうち人間の汗腺に似たものがあるのは足の裏の肉球だけである。暑かったり何かに怯《おび》えたりすると、猫はここから汗をかき、床を横切ったあとには湿った足跡が残ったりする。この汗の分泌が、肉球をしっとりした状態に保ち、(犬の足の裏のように)ガサガサになったりひび割れたりするのを防いで、肉球は敏感さや柔軟性を失うことがない。夜間の狩りの際には敏感さは特に大切だ——狙った獲物をしっかりにらみつけたまま、自分が何の上を歩いているのかを感じなくてはならないからだ。

猫が木やドアや肘掛け椅子などをひっかくのは、爪の古い外皮を剝がしてその下の鋭い爪を露出させるためだけではなく、見えている爪痕に匂いをこすりつけるためでもある。だから猫がひっかく場所は、単に爪をといだり伸びをする場所であるだけでなく、そこを縄張りとする猫がいることを示すしるしとして使われることが多い。他の猫が見ている前で激しく爪をとげば、それはその猫の自信の表れであり、主張の強い猫は一種の自己顕示のためにしょっちゅう他の猫の前で爪をとぐのである。

見逃しようのないメッセージ

自分の存在を示すために猫が使うコミュニケーションの手段としては、体をこすりつけたり爪をといだりするのは、さりげなく、密やかなほうだ。猫には、庭や、猫が自分の家と見なす場所の中心から外れたところならどこでも、オス・メスに関係なく、自分の存在をさらに広く知らしめるための手段がある——尿スプレーである。一般的には、尿スプレーをするのは去勢されていないオス猫だけだと考えられているが、実際には、去勢あるいは避妊処置された猫もされていない猫も尿スプレーをすることがある。

猫が尿スプレーをするときは、尻尾をまっすぐ上に立てて、非常に特徴的な姿勢をとる。それから体を震わせ、後ろ脚で足踏みするような動作が続く。そして一ミリリットルほどの細かい霧状の尿をまっすぐ後ろに向かって、たいていの場合、目立った垂直面に吹きつけるのである。通常の尿、そして糞もまたマーカーとして使われることがあるが、鼻先で噴射される尿スプレーの衝撃は、特にそれが去勢されていないオス猫によるもので、その猫の肛門腺から出た強烈な匂いのする化学物質が加わった場合、気づかずに通りすぎることなど決してできない。

風のない日、オス猫の尿は、一二メートル離れたところにいる他の猫でも気づく、と考えられている。この信号は、天候によっては最長二週間消えず、他の猫はその後も何日もの間、スプレーした猫についてたくさんのことをそこから知ることができる。マーキングのための化学物質は（雨が降って洗い流されなければ）一定の速度で分解するので、そこにやってきた猫は、スプレーの主がそこを通りすぎたのはどれくらい前か、年齢、去勢されているかいないか、そしておそらくはそれが誰であるかさえもわかるのである。こうやって、複数の猫が重なりあう縄張りに暮らし、尿スプレーによるマーキングを、あるメス猫（またはオス猫）がその縄張りにいて活動していることを示す標識のように使うのだ。

庭にいるあなたの猫を観察するといい——マーキングをする場所はすぐに見つかり、そこに猫がマーキングするところを目にすると思う。そして他の猫がその匂いのメッセージをクンクン嗅いで、おそらくは自分の尿を吹きつけるのに気がつくだろう。さらによく観察すれば、猫が顎をこすりつけてメッセージを残す、もっと控えめな匂いのある場所も見つかるかもしれない。あなたが住んでいるのが、去勢されていないオス猫・メス猫を含むたくさんの野良猫がいる地域なら、マーキング行動はもっと活発だし、人間でも気がつく匂いがするはずだ。尿に含まれる尿酸はまた非常に腐食性が強く、鉄などの金属を腐食させ、木を腐らせ、植物にもダメージを与える。

特にオス猫の場合、縄張りの境界線上や、自分の縄張り内で他の猫と始終取りあいになるマーキング場所に、糞や尿を露出したまま残すことがある。木の切り株や、ライバルと鉢合わせする可能性のある通り道の真ん中に置いておくのだ。これはミドニングと呼ばれる非常にあからさまなマーキング行動で、野生の動物の多くが使う方法だ。猫のように、ひっかいた傷などの視覚的な目印が見えにくい暗い時間に行動する動物にとって、匂いは非常に有効なコミュニケーションの形である――一日のどんな時間帯だろうと、強烈な匂いは間違いようがないからだ。

私たちはまた、私たち自身が無意識に、飼い猫の縄張りに他の匂いを持ちこんでいる可能性があることに気づかなくてはならない。猫密度が高いところ（たとえば郊外の住宅街など）を歩いているうちに、靴に犬や他の猫のおしっこが付着し、それを家に持ち帰るかもしれない。家から離れたところに停めた車は、道路で尿スプレーされることが多い。なぜならそういう車はいろいろな地域からの匂いを運びこむからだ。その車で家に帰ると、今度は私たちの猫が、自分の縄張りに見知らぬ猫が入りこんできたと思うのである。

そんな猫の一匹があるとき、自分の家の中で尿スプレーを始めて飼い主を大いに困らせた。その困った行動が始まったのはいつだったかと遡ると、それは息子の誕生日だった。新しい自転車を買ってやったのだが、息子はそれが盗まれないように毎晩玄関に持ちこみ、タイヤに付着した、さまざまな、猫が嗅いだことのない匂いを一緒に持ちこんだのである。こうした知らない匂いは、猫が自分の家の匂いとして記憶しているデータを混乱させ、猫は不安になった。スプレーすることによって猫は、姿の見えない敵対者の存在を前にして、自信を取り戻そうとしていたのだ。夜、自転車を別の、物置の中の安全な場所に保管するようになると、猫は落ち着きを取り戻し、スプレー問題は解決した。姿の見えない敵がいなくなったからである。

高層マンションで完全な家猫として暮らしているある猫にも、これと似たことが起きた。そこで、飼い主が帰宅したとき、靴を脱ぎ、靴とそれに付随するあらゆる不快な匂いを家の外に置いておくようにしたところ、尿スプレー行動が大幅に減少した。猫は自分の家で再び安心して過ごせるようになり、スプレーする必要がなくなったのだ。当然ながら、家猫の場合、自分の住処の匂いに含まれるものは外猫よりも固定されており、どんな些細な変化も重大な侵害と見なされるのである。ほとんどの猫は新しい匂いを問題なく受け入れるものだが、こうした不運な例は、「匂いという言語」に猫がどれほど敏感か、それが彼らにどれほどの影響を与えるかを、私たちもまた忘れてはいけない、ということを示している。

尿スプレーと爪とぎ

猫が尿スプレーをするときは、尻尾をまっすぐ上に立てて体を震わせる、非常に特徴的な姿勢をとる。
そして後ろ脚で足踏みしながら、少量の尿を、後方の垂直面に吹きつける。

爪をとぐのは、爪をとがらせておくためだけではなく、肉球の間に臭腺があるので、爪痕に匂いを塗りつけることにもなる。

体でおしゃべり

猫は、その自立性と、単独で獲物を捕らえるテクニックで有名だ。犬と違い、猫は協力しあって狩りをすることもないし、身を守るために集団をつくることもしない。したがって群れがもつ社会的なルールも存在しない。でも猫には他の猫との付き合いはあるし、そのなかには、交配や子猫を育てるためだけではなくて、「社会的な」交流と呼ぶべきものもある。猫のボディーランゲージは複雑だ——科学者は、二五種類の視覚的サインが一六通りの組みあわせで使われるのを記録しているが、より微妙なニュアンスの多くに私たちが気づいていないことは間違いないだろう。それでも、猫のボディーランゲージの基本的なものがわかり、解釈できるようになれば、猫が何を感じ、何を言おうとしているのかを理解できるようになる日も遠くない。

お互いを知らない猫が出会うのはほとんどの場合が戸外で、郊外や都市部の猫密度の高い地域では、狭い範囲の中で猫はたくさんの猫と顔を合わせる。ボディーランゲージが最もドラマチックなのはライバルのオス猫同士が出会うときで、最もわかりやすいのは求愛中の猫だ。飼い猫のほとんどは去勢されており、戸外で彼らを見ることはめったにないので、猫同士、猫と他の動物、猫と私たち人間の間に起きる、もっと穏やかなやり取りの観察で満足しなければならない人がほとんどだが。

猫がとるさまざまな行動のなかでも最も魅力的なもののいくつかは、猫が遊んでいるときに見られる。子猫どころか成猫も、パントマイムをしてはしゃぐ——獲物を捕まえるふりだったり、けんかのふりだったり、求愛のまねだったり、実際のところありとあらゆる行動のまねをするのだ。この芝居じみた遊びは、人間の民族的な舞踏が、戦いや求愛を、社会交流や学びのプロセスとして再現するのと似ているかもしれない。ほとんどの場合、同じ家に住む猫同士は仲がよく、彼らの交流は親しみのこもった穏やかなものだ。だがそこに衝突があれば、猫のボディーランゲージの全部を目にできる可能性はずっと大きい。

もちろん、猫同士の衝突は、それがライバルのオス猫同士の場合でさえ、けんかには至らない場合がほとんどだ。ボディーランゲージの目的は、メッセージを相手に伝えて衝突を避けるか、少なくとも先のばしにして、怪我するのを防ぐことにある。攻撃する側は、あらゆるボディーランゲージを駆使して、相手が自分の意図を汲み取り、歯と爪の実力行使に至る前に逃げ出すよう仕向ける。長い間にらみあっているだけ（時おり声の攻撃が混じる）のことも多いが、それだけで、どちらの猫の勝ちかを決めるのに十分なのである。優勢な攻撃側の猫は、負けたほうの猫から歩み去り、座ってあさってのほうを向き、グルーミングを始めることもある。そしてそれを見ている人間は、何が起こったのかまったく気づかないのだ。

この章では、ボディーランゲージをまず頭（目、耳、ひげ、口）と体（尻尾、姿勢、大きさ、角度）に分けて見ていく。ただし姿勢については、恐れと怒りの表れ方は非常に似ていて、一つひとつの要素が示すサインは矛盾することがあり、読み間違いをしやすい。全体として意味を把握するには体全体を考慮しなければならない。そのことは例でご説明しよう。一つの要素だけを他と切り離すことも誤解を生みかねない。猫の気分や考えていることが変化するにしたがい、猫が発する信号もあっという間に変化するからだ。

頭の位置、耳、目、ひげを見ると、猫の感じていることがよくわかる。猫の顔は筋肉がたくさんあって、実に多様な表情をすることが可能だし、頭の位置そのものも、猫があなたとコンタクトをとりたがっているか、それともそこにいないふりをしたがっているかを知る手がかりになる。頭を前方に伸ばしているときは、触ってほしい、あるいは他の猫や飼い主の表情を読もうとしている。あなたの帰宅時に猫が迎えに出てきて餌を欲しがるのがこのいい例だ。猫と猫が衝突しているときは、押しの強い猫は頭を上げるが、攻撃的な猫は頭を下げる。弱い猫も頭を下げるが、怖がって身を守るために攻撃的になっていれば頭を上げることもある。興味がないときは頭を低い位置に置いたまま顎を引き、横を向いてアイコンタクトを避けようとする。明らかに、頭の位置だけを見たのでは猫の気分を推し測るのは非常に難しいし、混乱を招きやすいが、同時に体全体を考慮に入れれば、目星をつけるのに十分なヒントがある。

目

視線を合わせるのは人間同士のコミュニケーションにおいて一番重要なことだが、猫の場合も重要な役割を果たす。だが理解しなくてはいけないのは、チンパンジーが歯を剥き出すのは笑っているのではなくて恐れの表現であるのと同じように、猫同士が長い時間見つめあっているのは、人間の場合と違い、親しみのしるしではないということだ。猫同士の場合、相手をにらむのは自分を主張する行為で、ライバル同士の猫は相手をにらみ倒すことで衝突に決着をつけようとする。自分が見られている、あるいはにらまれていると気づいた猫は、グルーミングを途中でやめたり、目を覚まして顔を上げたりする。それから、していたことの続きに戻るかもしれないが、自分を見ている相手があっちを向いてしまうまでは、「人目を気にしながら」そうしているように見える。私たちも時としてそういう、見られている、という嫌な感じをもつことがあるが、明らかに猫は、見られることにことのほか敏感なようだ。

それとは正反対に、猫はよく、特に何を見るでもなくじっと座っているので、白昼夢を見ているのだとか宙を見つめているとかいわれる。これは、人間の場合は目の中央部分でものを見るため自分の周りのものを正面からまっすぐ見るのに対し、猫は、目の縁の部分から大量の情報を取り入れるためである。猫は、動く獲物など、何かに視線を定める必要があるとき以外はこの周辺視野を使う傾向があるのだ。

猫の目には、猫の気分がよく表れる。人間の場合と同じように、目を細めているか大きく開いているかが、興味の有無、怒り、恐れを示すのだ。瞳孔の大きさは入ってくる光の量だけで決まるのではなく、猫の気持ちも関係している。瞳孔は、何かが怖かったり、攻撃的な気持ちで興奮していると開くことがあるし、もっと穏やかな状況で、夕飯の餌がボウルに盛られるのを見たり、仲良しの猫を見て嬉しかったり興奮したりしても開く。

猫が幸せな気持ちでリラックスしているときは、瞳孔はその場の明るさにしたがって必要なだけ開く。暗ければ暗いほど瞳孔は大きく開き、目は黒く見える。リラックスした猫の目はおそらくは大きく開い

目

開いた瞳孔は、恐れや興奮のしるし。耳をそばだてていれば、恐れではなく、何かに興味をもったための興奮である。

猫がリラックスしてあたりを眺めているところ。
その場の明るさと、どれくらいはっきり目が覚めているかによって瞳孔は開いたり閉じたりする。

日中、目を覚まし、活動的な状態。用心深く動くが、恐れは感じていない。夜には瞳孔がもっと開く。

てはおらず、まぶたが重そうで、ゆっくりと瞬きをするのは満足感を示している。猫と猫のコミュニケーションにおいては、瞬きをするのは相手を安心させるしるしだ。それによって、猫をとても不快にさせる例の攻撃的な凝視が途切れるのである。

臆病な猫は瞳孔が大きく開いていることが多く、怖さが増すにつれて、瞳孔は完全に開き、目を大きく見開いて、まるで「びっくり仰天」した、というような顔になる。一方、機嫌が悪く、自己主張しようとしており、自分の立場に自信がある猫の目は、瞳孔が細い線のように収縮している。もちろん瞳孔の開き具合は、その猫が感じている恐れ、怒りあるいは興奮の程度、そして周囲の明るさによって大きく異なるので、目を見るときは同時に耳も見るのが一番いい。

耳

耳は、猫にとって最も重要なコミュニケーションの道具だ。耳の動きは二〇〜三〇個の筋肉によって制御されていて、一八〇度向きを変えられるし、左右別々に回転したり上下に動かしたりできる。

大型のネコ科動物のなかには、濃い色をした耳の後ろ側に白っぽい模様があって、敵対する相手と遭遇した際、模様の持ち主のメッセージが見えやすいだけでなく、そのメッセージの解釈を誤る余地を残さないようになっているものがいる。またいくつかの野生のネコ科動物、たとえばボブキャットは、平均より尻尾がずっと短くて、コミュニケーションの手段の一つが欠けている。尻尾が短いのを補うために彼らの耳のてっぺんには房毛が生えていて、それが耳の位置を強調し、コミュニケーションをとりやすくしている。飼い猫のなかではアビシニアンの耳のてっぺんに少しばかりの房毛がある。

機嫌がよくリラックスして座っている猫の耳は通常、前を向き、ほんの少し後ろに傾いている。何かの音や動きに注意が向くと、額の筋肉が耳を引き寄せ、耳はよりまっすぐに立ち上がって「そばだてた」状態になる。人間が注意を集中させるときに額にしわを寄せるような感じだ。耳がピクピク動いたりクルクル回ったりしはじめたら、その猫はおそらく、何かを心配しているか、ある音や状況について不安に感じている。

不安が高まると、猫は耳をもう少し後方に向けて倒し、平らにする。私が飼っている二匹のシャム猫、ビーンとフラートは、薪ストーブのそばのバスケットの中でのんびりくつろいでいるところに私たちが飼っている横柄な子犬がやってくると、まさにこうやって耳を倒す。犬が逃走距離（無事に逃げられるために必要な、彼らと犬の間の距離のこと）より近くに来ると、耳は平らになって、しょげかえったグレムリンみたいになる――映画の、可愛いときのグレムリンだ［訳注：『グレムリン』は一九八四年アメリカ製作のファンタジーSF映画。同名の生き物が登場し、可愛いペットから恐ろしい怪物に変貌する］。二匹の耳は、ほとんど頭のてっぺんと平行になるくらい寝て、二匹は頭をバスケットの中に低く沈める――自分たちが見えなくなって、犬が向こうに行ってしまうことを願いながら。これは猫がとる服従型防御反応の典型的な例だ――猫は、できるだけ小さく、相手を刺激しないように身を縮めてその姿を消そうとするのである。もう一匹の飼い猫ブレットがこれと同様に、子犬の注意を自分からそらす必要に直面した場合、彼はもっと積極的な方法をとり、攻撃される前に自分から攻撃をしかける。子犬を部屋の隅に追いつめ

顔

耳とひげをピンと立てた、リラックスした状態の猫。瞳孔の開き具合はその場の明るさによる。

機嫌の悪い猫は耳を後ろ向きにし、瞳孔は狭くなり、ひげが前方に立つ。

遊んでいるときや獲物を追っているときは、耳が立ち、瞳孔が開き、ひげは前向きに突き出ている。

瞳孔が開き、耳が平らになっているのは怖がっているしるし。ひげは後ろに引いていることもある。

満足している猫は、目を半分閉じ、ひげをだらんとさせ、暖かいところでウトウトする。

られる位置に陣どり、それからシャーッという威嚇の声で脅かし、これ見よがしに背中を丸め、尻尾を膨らませて自分は大きいと思わせ、相手をじっとにらんでけんかをふっかけるのだ。緊張した耳は回転して耳の内側が横を向く。すると耳の後ろ側が正面から見えるようになる。背中の毛を逆立たせ、ブレットは、犬が攻撃距離まで近づくのを待って鼻を攻撃する。誰も怪我はしないし、どちらもこのけんかごっこを楽しんでいるように見える。もちろん、勝つのはいつでもブレットだ。

ひげ

ひげもまた猫の気分を表し、私たちが考えるよりずっとよく動く。リラックスしているときは軽く横に寝ているが、何かに対する興味が高まるにつれ、ひげは前を向いて鼻口部の前に出る。何かを怖がっている猫はひげをぴたっとほっぺたにくっつける——顔をできるだけ小さく、威圧的でないように見せて、衝突を避けようとしているのだ。

ひげは口の周りの筋肉の動きを強調し、去勢されていない、顔の大きなオス猫（去勢された猫の場合、主要な男性ホルモンが除去されるので、顔が完全には発達しない）を注意深く観察すれば、興奮したり何かを怖がったりしているとき、頬の筋肉が頬の毛を引っ張るのがわかるかもしれない。野生の猫は、顔が大きいか、あるいはライオンのたてがみのように毛が多い。

ひげ

リラックスしている、あるいは周囲の出来事に興味がない猫は、ひげが顔の左右に横向きに生えている。だが、猫があくびするところを観察すると、顔にぴったりくっついた状態から口と鼻の前に大きく広げて飛び出した状態まで、ひげが多種多様な動きをするのがわかるはずだ。

この図に示されるように、身を守ろうとしている猫は、ひげを後ろ向きにして顔にくっつける。耳もまた後方に倒され、瞳孔は恐れのために開いている。

何かを知りたがっている猫は、ひげを前方に広げて、三本目の手（または前足）のように、すぐ目の前にあるものにひげで触れる。暗闇で下草の中を歩いたり道の小さな割れ目を避けたりするとき、ひげは視覚・触覚の役割を果たす。

口

猫は犬と違い、攻撃のために口を使うことはない——猫が口を開けてシャーッと言ったり唸ったりするのは、身の危険を感じてのことなのだ。唇を舐めるのは不安なしるしの場合があるが、舌をペロンと垂らしたり突き出したまま座っているのは、リラックスしている、あるいは満足しているしるしと思われ、ぽかんとした愉快な表情になる。

人間が、眠かったり退屈だったりしてあくびをすると、次から次へとみんなにあくびがうつり、見ている人はそれを抑えることができなかったりする。猫の場合はあくびがうつることはなく、退屈を示しているのでもない。むしろそれは自信や満足のしるしであって、寝て起きたあとでは、気だるげな伸びを伴うことが多い。

尻尾

尻尾はバランスをとる他に、コミュニケーションにも使われる。獲物を追っているときの猫の尻尾は、体の後ろに邪魔にならないように置いてあるが、最後の突進のときにはバランスをとるのに使う。獲物を追いつめると、尻尾はピクピクと動いて猫の関心と集中度を示す。だが、他の猫や人間と交流するときは、尻尾は主にコミュニケーションの道具として使われる。動きも多種多様で、上下左右自在に動くし、そのスピードも、ゆっくりと優雅に円を描くような動きからぴしゃりと鞭打つような動きまでさまざまだ。寝ているときは体の周りにしなやかなコイルのように巻きついていたかと思うと、何かが怖い

尻尾

友達に対する典型的な挨拶の姿勢。尻尾を高く上げ、先端がちょっと前に曲がっている。

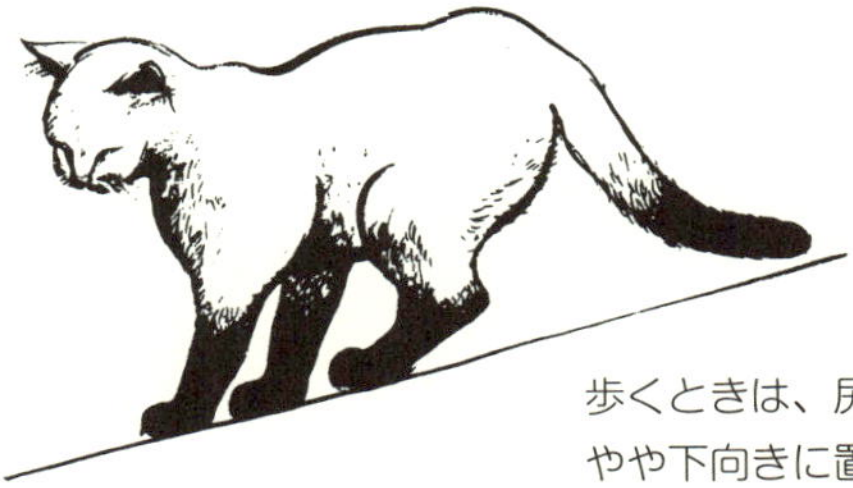

歩くときは、尻尾は後ろにゆったりと、やや下向きに置かれている。
コミュニケーションのために使われていないときは、尻尾は跳び上がったり何かに登ったりするときに、バランスをとるために使われる。

逆U字形の尻尾を一番よく目にするのは猫たちが遊んでいるとき――たいていは、互いを追いかけて家中を走りまわる「狂気の30分間」である。猫は、激しい興奮と恐れの入りまじった状態が大好きなようだ。人間の子どもと同じである。尻尾の毛がボトルブラシのように膨らむこともある。

ときはもしゃもしゃのブラシのようになって直立する。

リラックスし、自信があり、隙のないオス猫が自分の縄張りを歩くときは、尻尾は普通に体の後ろにある。それが、他の猫に出くわしたり、尿スプレーや爪とぎ用の場所などの関心事があると変化する。尿スプレーをする気になれば、例のごとく尻尾を高く持ち上げた姿勢をとり、すぐに、尿をひっかけながらの足踏みがそれに続く。知り合いで仲良しの猫や飼い主を見かけると、尻尾をぱっと立て、背中前方に少しだけ傾けて、先端をちょっとだけ下向きにねじる。この姿勢は、友達が——猫であれ人間であれ——あらわになった尻尾の下の部分を検分できるようにする。なじみのあるその匂いで、自分がそのグループの一員であることを証明するためだ。出会いの挨拶には普通、くぐもったような鳴き声やルルというような声が続く。母猫を迎える子猫は、尻尾を空中に持ち上げて駆け寄り、尻尾を母猫のお尻の上に下ろし、母親の尻尾の上からこすりつけて、母親が持ってきた食べ物をおねだりする。成猫はこれと同じことを飼い主である人間に対してする——体をこすりつけ、尻尾を脚や手や、皿にまで巻きつけるようにして、食べ物をねだったり、かまってもらおうとするのだ。

じっとしてはいるが行動に出る準備中の猫は、行動の対象物を目で追い、尻尾をやたらと左右に振りまわす。まるで、それをしようかすまいかと迷っているかのようだ。興奮が高まるにつれて、猫は尻尾をますます速く、大きく揺らす。これは怒りの最初の兆候かもしれないし、あるいは単に他の猫たちをじらしたり、一緒に遊ぼうと誘っているのかもしれない。尻尾を猛烈に振りはじめたら、激しく興奮しているか、まもなく攻撃に出るというしるしだ。これは見逃しようがない。猫が尻尾を振るのは、陽気で人なつこい犬が尻尾を振るのとは正反対の意味である——それはその猫が、何かしら感情的な葛藤を抱えているというしるしなのだ。

自分が何者かの攻撃によって重大な危機に直面していると感じると、猫は徹底的な守りの態勢に入り、尻尾の毛は逆立ってボトルブラシのようになる。空中高くまっすぐに立てた尻尾は、少なくとももとのサイズの二倍には膨れ上がる。猫は、自分の身を守るためにできるだけ自分を大きく見せようとしているときに、この膨らんだ尻尾を使うのだ。また、けんか中の猫は尻尾を、大文字のLを反転させたような奇妙な角度に置く——つまり、尻尾は途中まで背中の延長線上にあり、それからまっすぐ下向きに曲がるのである。これは遊んでいる子猫にも見られる。逆U字形の尻尾も同様だ。子猫や成猫が追いかけっこをしているとき、あるいは、爆発的なエネルギーで、通り道にあるものは人だろうが犬だろうが椅子だろうがかまわず何でもかんでも跳び越えながら家中を走りまわる「狂気の三〇分間」、猫はよく尻尾をこの、蹄鉄を逆さまにしたような形にする。尻尾の毛が全部逆立つと、この狂気じみた猫たちはまるで、尻尾に風をはらんで飛んでいるように見える。

姿勢

自分を実際より大きく見せる、というのは、防衛、攻撃のために多くの動物が使う手だ。ハッタリに説得力があれば敵は尻込みし、衝突が無事に回避されることも多い。猫もまたこの作戦を使い、攻撃されそうになると脚をまっすぐに伸ばして背を高く見せようとする。猫は後ろ脚が前脚より長いので、より高いお尻のほうから頭に向かって体が斜めになる。積極果敢で攻撃的な猫なら、背骨にそった毛と尻尾の毛を山の尾根のように逆立てる。これも、自分を立派に見せるためだ。

反対に、追いつめられ、攻撃者から必死に逃れようとしている怯えきった猫は、背中だけでなく全身の毛を逆立てる。そして、できるだけ大きく見えるように背中を丸め、攻撃者に対して横向きになるような位置に立って、敵が自分より大きな獲物を見て攻撃をためらうことを願うのだ。敵が攻撃の手を一瞬ゆるめたら、攻撃にさらされている猫はカニのような横歩きで安全な場所に向かう――こうしてゆっくり後退しながらも、それが敵を刺激して突然攻撃されることがないよう、敵から目を離さないようにしながら。

おとなしくて臆病な猫なら、身を縮めてうずくまり、攻撃や注目を避けるため、自分をできるだけ小さく、頼りなく見せようとする。これは大げさな防衛の姿勢とは正反対の姿勢で、自信がなく、誰にも邪魔されずただ静かに暮らしたい猫はこういう姿勢をとることが多い。それからころんと仰向けになり、頭を敵のほうに向けて、ご機嫌をとるような、相手をなだめるような態度をとることもある。これは犬がおとなしくお腹を見せるのとはちょっと違う。犬の場合、そういう姿勢から相手を攻撃することはまずない。が、こうしてご機嫌をとっている猫は、衝突を避けようと試みたけれども追いつめられるところまで追いつめられているのであり、もしもさらに挑発されたり攻撃されたりすれば、徹底的にその歯と爪で我が身を守る覚悟なのである。

もちろん猫は遊びでころんとひっくり返ることもあるし、人間に挨拶するためにそうすることもある。

姿勢

獲物を追ったり獲物に忍び寄ったりするときは、尻尾の先端がわずかに揺れて猫の関心を示す。突進して飛びかかるときは、正確に攻撃できるよう、尻尾を使って体のバランスをとる。

防衛態勢の猫は、背中を丸め、攻撃してくる相手に対して横向きに立ち、体と尻尾の毛を逆立たせる。

猫がさらに警戒を強めると、体中の毛がますます逆立ち、尻尾は背中側に弧を描く。

猫同士の衝突において攻撃する側によく見られるのが、「逆L字形」の尻尾である。猫は背を少し丸め、背骨にそった毛と尻尾の毛が逆立ち、前脚を上げていることが多い。

水平方向の尻尾の振れ幅は、猫がどの程度動揺しているかを示す。興味がある、という意味で尻尾の先端が穏やかにピクピクと動く程度から徐々に強まって、ライバル猫を自分の庭で見かけたときなどのように激しく興奮すると、振れの幅が広く、スピードも速くなる。

お腹をくすぐられてもいっこうにかまわない猫は多いし、なかには明らかにそれを喜ぶ猫もいる。発情期のメス猫は、オス猫の注意を引くために目の前でひっくり返る。夏には小鳥と同じように、土や砂浴びを楽しみ、暖かな日の当たる小道で何度でも転がるのである——その間、無防備な姿勢でいるところを通りがかりの猫や犬に攻撃されないようにしっかりと警戒しながら。

猫のおしゃべり

「猫は何て鳴く？」と小さい子どもに聞けば、「ニャー」と答える。「じゃあ犬は？」「ワンワン」。「ワンワン」という音は、私たちの注意を自分に向けたがる犬の、声によるコミュニケーションの大半をかなり正確に表していると思うが、「ニャー」という一言では、猫が出すことのできる声の多様さを表しているとはとてもいえないし、猫が使う声音《こわね》の幅を大いに軽視することになる。

猫の言葉の複雑さを理解するための研究はあまりされたことがなく、研究をした数少ない人たちも、その音の分類の仕方はさまざまだが、おそらく一番いいのは、私たちと猫のコミュニケーションという観点からそれを考えることだ。

猫が私たちとコミュニケーションをとる際に使うさまざまな声音や抑揚を聞き取るには、かなりの集中力がいる。猫が私たちに「話しかける」と、私たちは本能的に反応し、猫が何を求めているのか——抱っこしてほしいのか、お腹がすいたのか、それともただおしゃべりがしたいのか——について、耳を傾けるよりも視覚的にヒントを探そうとする。猫は頭がよくて、空っぽの餌のボウルの前に行ったり、外に出してもらいたければドアのところに行ったり窓の掛け金を前足でひっかいたりして何がしたいのかをわからせてくれる。本当に猫の声の違いを聞き分けたければ、それを録音し、続けて猫が何をしたがっている様子かを吹きこんでおくといい。あとで、猫のボディーランゲージや動きのヒントに頼らずに録音を聞けば、猫が一般的に使う表現、鳴き声、要求、あるいはあなたの猫があなたに対して使う特有の声を聞き分けられるようになるかもしれない。

猫には、その猫に固有の一連の鳴き声や行動がある。それだけではなく、猫は、私たちが猫の声や行動に対して反応するよりも、おそらくはずっと敏感に私たちの声や行動に反応する。猫は私たちの反応に合わせて自分の言うことを変化させる――まるで、特定の声に反応するように私たちを訓練しているようだ。私たちが猫のある種の鳴き声にポジティブな反応を見せれば、猫は再びその鳴き声を使い、それがうまくいくと、人間に対して使う――あるいは家族のうち特定の一人に対して使う――語彙がそうやって増えていく。猫は、他の猫に対して、あるいは他の家族に対しては使わず、特定の人間に対してだけ使う「単語」をもっていることが多い。

猫の種類によって、声を使った会話を好む度合いが異なる（たとえばシャムやその他の東洋種はおしゃべりなことで知られる）だけでなく、音の強調の仕方が違ったり発声が違ったりする（人間の方言と似ているのかもしれない）。自分の猫の声を他の猫の声と聞き分けられる人は多い。犬種が違えば吠える声も違うのと同様に、鳥がさえずるような声、舌打ちするような声など、ある猫種に特有の特徴的な音もある。我が家で飼っているシャムの子猫の一匹、ビーンが姿をくらましたとき、私は名前を呼びながら近所をしらみつぶしに探したが、朝六時頃、隣の家の納屋から声が聞こえてきた。納屋の隅にある古いテーブルの下から聞こえる声は間違いなくビーンだった。私が名前を呼ぶたびに、答えるビーンの声は大きくなり、必死さが増していって、おかげで彼女がいる場所を特定することができた。ビーンが助かったのは間違いなく、彼女がおしゃべりだったおかげだ。

これまでに、猫には一六種類の違った鳴き方があることがわかっているが、違いが微妙すぎて私たちには聞き分けられないものや「超音波」の領域のものなど、他にもいろいろな声があることは間違いない。後者は人間の聴覚の限界を超える音だが、人間よりずっと高周波の音を聞くことができる猫の耳にとっては「超」でも何でもない。

子猫がとても幼いときは、母猫は子猫に対してごくわずかな種類の鳴き声しか使わない。母猫が生まれたての子猫を育てているところに通えば、まだシンプルな状態の猫同士のコミュニケーションについて学べる。母猫は、困ったとき、挨拶、あるいは危険を知らせるのにそれぞれ決まった鳴き声を使うし、子猫は一匹一匹に、母猫の注意を引くための固有の遭難声がある。生後一二週間になる頃には、子猫たちはすべての語彙を覚える。そして、人間の赤ん坊が言葉を覚えるためには耳から聞いてそれを繰り返さなければならないのと違って、耳の聞こえない子猫さえ、猫が会話に使う声をすべて使えるようになる。

猫は、息を吸ったり吐いたりするのと同時に声を出すことができる。だから猫は、私たち人間とはちょっと違ったやり方で声を出す。猫の舌は、異なった声を出すためにはあまり重要でなく、猫はもっと喉の奥のほうで、喉頭に広がっている声帯にさまざまなスピードで空気を当てることによって多様な声を出す。猫が出す声の音質の変化は、喉と口の筋肉の緊張度を変化させることで生まれる。猫が鳴くのはほとんどの場合、近距離でのコミュニケーションのためだ。もちろん、猫の声のなかで一番やかましい例の声は別だ――ギャーギャーと騒ぐ求愛の声と、敵対するオス猫同士が縄張り争いをして発する怒りの声である。

喉をゴロゴロ言わせる

喉をゴロゴロ言わせるのは最も猫らしい姿で、人間が猫を飼うのをこれほど楽しむ理由の一つだ――猫は幸せなとき、それをはっきりと聞こえるように私たちに伝えるのだ。猫が喉をゴロゴロ言わせるのを聞くと気持ちが安らぐ。それはまるで、配偶者や家族に、好きだよ、とひっきりなしに言われているようなものなのだ。

すべての猫は、年齢、性別、種類にかかわらず、同じ周波数で喉をゴロゴロ言わせる。二五ヘルツである。

猫はまだほんの子猫のときから喉をゴロゴロ言わせはじめる。喉をゴロゴロ言わせるのは母乳を吸う邪魔にならないので、母猫と子猫の間で、すべて順調、という確認のしるしとして途切れることなく続くのだ。また、母猫は、寝床に帰ってくるときに喉をゴロゴロ言わせることがある。子猫たちに、自分が帰ってきたこと、危険はないことを知らせるためだ。少し大きくなった子猫もまた、成猫に遊んでほしいときにその小さな喉をゴロゴロ言わせる。おそらくは、人間の子どもが父親に「ねぇお願い、キャッチボールしようよ」と懇願するため、ご機嫌とりをしているようなものなのかもしれない。

気の強い子猫がおとなしい兄弟を遊びに巻きこみたいときにも喉を鳴らす。この場合は、「逃げるなよ、大丈夫、僕やさしくするし、この前みたいにぶたないから……ほんとだよ！」と言っているのだ。

成猫同士もまた、同様に互いを安心させるために喉をゴロゴロ言わせたり、また、どこかが痛いときに自分をなぐさめたり、近くにいて自分を攻撃するかもしれない猫の怒りを鎮めるのにもこれを使うことがある。これは、喉が鳴る音が健康で安心な状態を連想させるからで、猫はどこかが痛むときや何かが怖いときに、自分自身を応援するのにそのことを利用するのである――たとえばあなたが何か危機的状況に直面したとき、自分に話しかけたり歌を歌ったりして気持ちを鼓舞し、周りの状況が危険だという現実から目をそらそうとするように。

このゴロゴロという音を猫がいったいどのようにして出しているのかはいまだに謎で、さまざまな説がある。一説には、この音は声帯の隣にある仮声帯の振動によって生まれるという。また別の説によれば、血液の乱流によって胸部と気管が振動し、頭部の鼻腔内で共鳴して、私たちにはゴロゴロと聞こえる音を出すのだという。三つ目の説は、喉頭と横隔膜の筋肉がバラバラに収縮することが原因だという。

だが、それがどうやって作られる音であるにしろ、これと似た意味で犬が尻尾を振る動きと同じく、猫がゴロゴロ喉を鳴らす音の激しさと熱心さには程度がいろいろある。猫は何時間も喉をゴロゴロ言わせっぱなしのことがあり、はっきりしたビートのある荒々しい音から、なめらかで眠たげ、あるいは退屈そうで、リズムがはっきりしないのでおそらくはまもなくやむと思われる音までいろいろだ。また、猫が必死に相手の注意を引こうとしたり、自分を喜ばせてくれそうな何かを見つけたときには、高い音のゴロゴロ音を使うことも多い。

歓迎の声

尻尾を上げ、あなたの顔を見ながら突進してきて、スリスリし、喉をゴロゴロ言わせる――そういう猫の歓迎の仕草の最たるものが、歓迎の鳴き声だ。それは、あなたの姿を目にして自分がどれほど嬉しいかをあなたに伝える、特別の短い鳴き声だったり、一連の、鳥のさえずりのような声だったりする。猫によって、特に挨拶用の声をもっていたり、飼い主の家族のメンバーによって鳴き声が違うこともある。猫に気に入られていないため、全然歓迎してもらえない人さえいるのだ。外出から帰宅したときは、あなたの猫に話しかける時間と努力をつぎこむのに最適な機会である。猫は興奮し、あなたとコミュニケーションをとりたがっているのだから、それを最大限利用しよう。あなたが反応を見せないと、猫のほうもだんだんと、あなたとのコミュニケーションに気乗りしなくなっていくかもしれない。自立した、愛情深い動物が、自らの意志であなたに駆け寄って「会話」をしたがる――これほど素敵なことはない。そういう機会を、リラックスするために使おう。猫に、その日一日何があったか聞いてみれば、温かなあなたの声の調子が猫をその気にさせて、何をしていたのか教えてくれると思う。

巻き舌でニャーと言っているみたいな鳴き方は、母猫が子猫を呼び寄せるときや、他の猫または人に友好的に近づこうとするときに使われることが多い。ビーンとフラートは、ブレットが猫用ドアから入ってくると、例の「ルルル」という声を出してブレットを出迎えに急ぐ。猫にはまた、感謝を示すつぶやき声——短い、息を吸いながら喉を鳴らす声で、音程は低い——や、自分が欲しいものを飼い主におねだりするときのつぶやき声もある。

長年にわたって猫の行動の研究に取り組んできたパウル・ライハウゼン博士は、母猫が子猫に獲物を持ち帰ったときに、いろいろな、お腹から出るようなくぐもった音を出すことに気づいた。持ち帰ったのが小さなハツカネズミ（マウス）であることを意味する音もあれば、それがもっと大きなネズミ（ラット）である場合には別の、叫び声に近い音を出すようだった。博士は、猫が事実上、獲物の種類に対応する「単語」を使って、子猫に持ち帰ったものが何であるかを伝えているのではないか、という問いを投げかけている。怪我をしたハツカネズミは近づいても危なくないが、大型のネズミは子猫にとっては危険かもしれない。そして実際に、持ち帰ったのがラットであるときの声を母親が出すと、子猫たちは特に注意深く行動したのである。ライハウゼン博士は、猫が何かを伝える能力、そして私たちがそれを解釈する能力は、過小評価されており、これについては大いに研究する価値があると言っている。

「ニャーオ」という音の意味

ニャーオ、という鳴き声にはたくさんのバリエーションがあり、猫は口を開いて「ニャー」と鳴き、最後に「オゥ」と口を閉じるので、私たちにはそれが一つの言葉であるかのように聞こえる。猫はいろいろな種類の鳴き声を使って、餌を出してくれとか、ドアを開けてくれとか、かまってくれ、と要求する。おねだりしたり、催促したり、文句を言うのに使うこともある。

「ニャーオ」という猫の「言葉」を音節に分けると、「ニャ・アー・オゥ」となって、猫が一つひとつの要素の長さを変えたり、その一つあるいは二つ以上を強調して、異なった意味をもつ異なった鳴き声にすることができるのは明らかだ。「アー」という音が強調されないと、猫はなんだか情けなく、がっかりしているように聞こえる。さらに「オゥ」の部分を伸ばすと、絶望的な状況にいるように聞こえる。この、懇願するような声は、入りたい部屋から閉め出されたとき、あるいは日曜日のご馳走のチキンがテーブルの上にあるのに全然もらえないときなどによく耳にする。あなたが猫の言うことに従いそうな気配を見せると、嬉しそうな、明るい声になって、間に喉をゴロゴロ言わせる音が混じり、あなたの気が変わらないようにご機嫌をとる――まさに心理作戦である！

お願いが懇願に変わると（もちろん、猫ならではの威厳に満ちた様子でではあるが）、最後の「オゥ」を繰り返し、口を閉じるのをゆっくりにしてメッセージを長引かせる。強調が加わると、お願いは断固とした要求になる。飼い主が餌のボウルに餌を入れるのがちょっとばかり遅すぎるときによく聞くやつだ。短くて高い音の鳴き声は、その猫がどれほど必死にメッセージをわからせようとしているかを強調することが多い。時には、真ん中の「アー」だけしか言わないこともある。私の二匹のシャム猫が、霜の降りた朝、外に出かけたあと、暖かい部屋に戻ってきたくて必死なときに使うお気に入りの戦術だ。

そういうとき猫は高い声を——子猫のとき、この音を出すと母猫がすぐに対応してくれたのだ——使って私たちの注意を引こうとする。実際に、その猫が生まれて初めて鳴いたのはおそらく、寝床からフラフラと離れ、助けを求めなければならなかったときだろう。

猫はよく、「音なしのニャーオ」で鳴きながら近づき、前足で私たちに軽くトントンと触れて注意を引こうとする。この、何よりも説得力のある懇願の方法を、なかなか言うことをきいてくれない人、家族のうち一番勢力の強い人、かまってほしいとき、餌が欲しいときなどに使うといわれている。たしかにいい作戦だし、たいていは効力を発揮する——前足でトントンし、聞こえるか聞こえないかの声で囁かれては、抵抗は難しい。もちろん、他の猫にはその声は聞こえているのだが、私たち人間の鈍感な耳には高すぎて聞こえないのだ。ブレットは、夜、私の膝に登りたいときに同じ手を使うから、ひょっとしたらこれは、自分と近しい関係にある人に対する、親密さを表すお願いの仕方なのかもしれない。

シャーッと言う、唾を吐く、唸る

シャーッと言ったり、唾を吐いたり、唸ったり、というのは、猫が警告を発したり相手を脅かそうとするときに使う音で、家の中で飼い猫のこういう声を聞くことはめったにない。

シャーッという声は警告音で、猫は口を開き、上唇を上に持ち上げて顔にしわを寄せ、舌を弓なりにしてすごいスピードで空気を吐き出す。近くにいれば、吐く息の流れを感じるはずだ。ウマと違い、人間が猫の鼻や顔に空気を吹きかけながらシャーッという音をたてると猫が嫌がるのはおそらくこのせいだろう。シャーッという音は、猫の視覚、聴覚、そして距離が近いところにいれば触覚にも影響を及ぼし、そのメッセージは非常に効果的だ。あなたがしてほしくないことをしている、と猫にわからせるには、シャーッと唸ってみせるのが効果抜群である。カウンターの上やコンロに猫が跳び上がろうとしたり、家具をひっかきそうになったら、短く「シッ」と言えば、まずまずの「猫語」でメッセージを伝えることができ、怒鳴ったり、力ずくで止めたりせずにすむ。

猫は、近づいてくる敵に自分の意志で唾を吐きかけることもあるし、急に驚くとほとんど無意識のうちにそうすることもある。普通、猫が唾を吐くのは突然で荒々しく、同時に両方の前足でドンと地面を叩くことが多い。ウサギが後ろ脚で地面を叩くのと似ている。これは普通、敵を驚かせて後退させ、逃走するチャンスを得るためのハッタリだ。

唸り声をあげるのは通常、さらに攻撃的な行動で、ライバルを攻撃しているときなら続けて唇を持ち上げて歯を剥き出すこともある。私の猫たちは、一匹がチキンのおいしいところを盗むのに成功し、他の二匹がやってきてそれを検分し、横取りしようとするときなどに、静かに唸る。通常は、チキンを盗んだ猫が喉から絞り出すしゃがれた唸り声が他の二匹を、普段は仲良しだが今度だけは本気らしい、と納得させる。持っている、という事実が猫の法律の九割がたを占めはするのだが、残りの一割がこの唸り声で、横取りを狙う猫の一縷《いちる》の望みも打ち砕くのである。

鳴き声と泣き声

高く張りつめた声の多くは、猫が他の猫とコミュニケーションするためだけに使われるものだ。それらの音は高すぎて人間の耳には聞こえず、猫の耳と脳にどんなふうに届くのかは想像しようがない。こういう声のなかには、去勢されていないオス猫が自分の縄張りにいる他の猫に向けてギャーギャーと鳴いたり怒りの叫び声をあげるときのように、口を開けたまま出すものもある。

もう一つの穏やかならぬ鳴き声は苦痛の悲鳴で、メス猫が交尾のあとに出すことがあり、「ニャーオ」の最後の音節が強調される——アニメ『トムとジェリー』のトムがしょっちゅう使うやつだ。射精の瞬間、メス猫は大きな、耳を突き刺すような叫び声をあげ、怒ったように体を離してオスを攻撃しようとする。これは、先端が突起で覆われているオスの性器の刺激が原因で、苦痛なのかもしれないと考えられている——たしかにそう聞こえる。

猫を捕まえてキャリーバッグに入れる——猫にしてみると、獣医かペットホテルに連れていかれるという確実なサインである——のはなかなか難しく、猫は飼い主の心臓にぐさりと刺さる抵抗・拒否の声をあげる。それを聞くと気持ちが動転し、あなたは歯を食いしばって、目的を全うするため、「あんたのためなんだから！」という態度で臨まなければならない。猫にたゆまず声をかけ続け、心配することは一つもないよ、と安心させよう——猫だけでなく、あなた自身がそう思えるように。

獣医のところで年一回のワクチン注射を打つときはさらに悲痛だ。獣医の診療室では、猫はたいてい、次の二つのどちらかの行動をとる——小さくなって、服従的な姿勢でうずくまり、不服そうに小さな声でニャーニャー鳴くか、または地獄からやってきた猫みたいになって、周りの人を手当たり次第に攻撃するのだ。あなたの猫が前者なら、獣医が注射したり診察したりしている間、猫を励まして獣医の手助けをしよう。しっかりと、猫が楽な姿勢で抱きかかえてやってもいい。そしてその間ずっと静かに話しかけ、あなたの落ち着いた（うわべだけでもかまわない）存在感で猫を安心させよう。あなたの猫がパニックに襲われて攻撃的になるようなら、おそらくは何をしても無駄だろうし、獣医のアシスタントにしっかりと安全に押さえてもらうのが一番いいだろう。猫にとっては楽な姿勢には見えないかもしれないが、そうすれば、やるべきことが全部、できるだけ手早く、最小限の混乱のうちに終了する。猫が無事にキャリーバッグに戻ってから声をかけてやればいい。そして家に着いたら、猫の怒りが収まるまで、ちょっとばかり甘やかしてやろう。

歯をカタカタ言わせる

歯をカタカタ言わせるのはコミュニケーションをとろうとする音ではない。猫がそういう音をさせるのはたいてい、壁の高いところに止まっているハエや窓の向こう側にいる鳥など、欲しいけれども手が届かないものを見たときだ。もしかしたら猫は歯をカタカタ言わせることで欲求不満を表現しているのかもしれない——そういうときに私たち人間が、食いしばった歯の間から大きな唸り声を出すように。猫は、口をほんの少し開け、唇を持ち上げて、顎をすごいスピードで開けたり閉じたりする。猫の興奮度が高まるにつれ、カタカタという音は、唇を打ちあわせる音と歯を噛みあわせる音が組みあわさったものになる。また、歯を打ち鳴らすと同時に、ヤギが鳴くような哀れっぽい声を出すこともある。

声を使った猫のコミュニケーション行動については、私たちの理解はまだまだほんの初期段階といえるだろう。猫のことを学べば学ぶほど、私たちの知らないことが増える。人間の耳に聞こえる音の意味でさえ、私たちは推測しているにすぎないが、私たちには聞こえない高周波の音を聞き取る能力を、猫が自分の気持ちを表すためにどれくらい利用しているのか、私たちはほとんど知らないのである。

猫と会話するコツ

猫語を理解し、猫と会話するためには、こんなことを覚えておこう。

・強い香水は猫の嗅覚に影響する。強烈な白色光源があると、私たちの目がくらんで周りのものが見えなくなるのと同じだ。
・新しいカーペットや家具は、それが私たちの目に「新品」に見えるのと同様、猫にはその匂いが非常に異質に感じられ、猫は自分の匂いをスプレーして物事を「平常」の状態に戻したいという欲求に駆られるかもしれない。

・目をじっと見つめあうのは、猫の世界では攻撃的な行為である。瞬きは相手を安心させる。

・瞳孔が開いているのは怖がっているしるしなので、静かに、ゆっくりと動こう。

・人間の声は、猫が聞き取れる音の範囲の一番下の領域にしかないので、おそらく猫はとても低い音だと思っている。猫の注意を引くときは高い声を出そう。

・顎の下、ほっぺた、背中側の尻尾の付け根をくすぐって、匂いの交換に参加しよう。

・猫語を勉強するには猫の声を録音しよう。

・猫語を教えこまれる心の準備をしよう。

・耳をピクピク動かしたり尻尾を左右に振るのは、不安、または怒りを感じているしるしである。

3 猫と暮らす

猫と暮らしていると、本当にイライラすることがある。猫は家の中で起きることには何でも鼻または前足をつっこみたがるのだ。日曜大工をしていればどこからともなく現れて私たちを見物し、アイロンをかけたばかりの服の上や読んでいる新聞の真ん中に座ったりするかと思えば、使っている最中の毛糸玉や紐をぐちゃぐちゃにし、手紙を書こうとしている私たちの膝に座りこんだりする。だが時とともに、私たちは自分の猫といるのが楽になる――私たちは猫が好きなこと、嫌いなこと、習性を学ぶし、猫は同じことを私たちについて学ぶのだ。

猫が日常的にすることやその習性の背後にある動機の一部を理解すると、その行動の意味がよりよくわかるようになる。たとえば、触れあうことがなぜそれほど猫にとって大事なのか。猫にはどうやって挨拶し、初めて会う猫にはどうやって近づけばよいのか。猫用トイレを置くのに最適な場所はどこか。猫は何時間ぐらいの睡眠が必要か、または何時間ぐらい寝たいのか、などなどだ。

出会い、挨拶、会話

長い一日の仕事がようやく終わり、帰宅したあなたがドアの鍵を開ける。ドアが開くと同時に猫が鳴いて、尻尾をおなじみの挨拶のポジションに持ち上げて走ってくる。前脚を宙に浮かせながら猫があなたの脛に体をスリスリすれば、あなたの緊張が解けていく――お帰りなさい。体内時計にしたがって、猫はおそらくあなたの車の音や、あなたが帰ってくるときの聞き慣れた足音を待っていたのだ。

ルルル、ゴロゴロ、と言いながら、猫はあなたの両脚の間をぬって頭や背中をあなたにこすりつけ、自分の匂いと我が家のエッセンスをあなたに塗りつける。顔見知りでお互いが好き同士の猫が交わす典型的な挨拶はまず、尻尾の先を少し前方に曲げて上に上げ、相手に近づく――顔を突きあわせ、相手の匂いを嗅ぎ、鼻と鼻を触れあわせ、頭を相手にこすりつけて耳を舐め、それから尻尾の下の匂いを嗅ぐのだ。相手にこすりつける前に頭をちょっと下げる猫もいて、同じことを人間に対してもすることがあり、そういうときには「僕の人間」のためだけに作られたゴロゴロ音と姿勢が加わり、猫はくすぐったりなでたりしてもらおうと伸び上がる。床にぱたんと倒れて仰向けになる猫もいる。

飼い猫のいる家に帰宅すると、私たちは人とおしゃべりをするように猫に話しかける。家が空っぽという感じがしないのは確かだ――この、個性豊かな小さな体がいれば間違いない。ごはんをくれと叫び、あなたと餌のしまってある戸棚の間を、言いたいことがわかってもらえるまで行ったり来たりして、待ちきれないと言うように後ろ脚で立ち、前足で扉をひっかいたりする。猫にさかんに話しかけても、猫には私たちの口調が優しいのはわかるが、理解する言葉はおそらく「ごはん」とかその猫の名前くらいだ。だが、私たちが猫に返事をさせようとするのと同様、猫はおそらく私たちに、早くごはんを作ってくれと言っているのだ。

　猫はすぐに自分の名前を覚える。それが単音節の名前ならなお早い。イギリスで実施されたペットの名前の調査はいくつかあるが、それによると一番多い猫の名前はスーティー（Sooty）だ。他に多いのは、キティ（Kitty）、プシー（Pussy）、ティギー（Tiggy）、タイガー（Tiger）、ティグス（Tigs）、ティガー（Tigger）、そしてフラッフィー（Fluffy）。酒類の名前も目立つ——ブランデー（Brandy）、シャンディ（Shandy）、シェリー（Sherry）、ペルノー（Pernod）、そしてウィスキー（Whiskey）などがよく使われる。色を描写する名前も人気だ——スモーキー（Smokey）、ブラッキー（Blackie）、スノウィー（Snowy）、ジンジャー（Ginger）、それにもちろん、スーティー（Sooty）。スーティーの全部が全部黒猫かどうかはわからない［訳注：Sootは「煤《すす》」の意］が、黒猫の飼い主には奇をてらってスノウィーと名づける人もいる。ガーフィールドとトーマスが多いのはうなずける［訳注：どちらもアニメのキャラクターの名前］が、犬のキャラクター名からとったマーマデューク（Marmaduke）とスヌーピー（Snoopy）も多い。二匹一緒に飼われている猫は、「半分ずつ」の名前をつけられることもよくある——ソルト（Salt）とペッパー（Pepper）、バブル（Bubble）とスクイーク（Squeak）、キャグニー（Cagney）とレイシー（Lacey）、モーク（Mork）とミンディー（Mindy）、ピンキー（Pinky）とパーキー（Parky）、ハーレー（Harley）とダビッドソン（Davidson）までである。どれも結構だが、片方が先に死んでしまうと困ったことになる。血統書に記載された名前やキャットショー出場の際の名前はもちろん長くて複雑だが、関係者各位が困らないように、そういう猫にもペット名はある。私のお気に入りの名前の一つはゼイフォード・ビーブルブロックス（Zaphod Beeblebrox）［訳注：ダグラス・アダムス著『銀河ヒッチハイク・ガイド』の登場人物］だが、バルドリック（Baldrick）［訳注：イギリスのコメディ番組の登場人物］も好きだ。自分の猫に「従われるべき者」を意味するアッシャ（Aysha）という名前をつけた人は明らかに、自分の立場をよくわきまえていたわけだ。

猫の名前をどんなふうに発声するかによって、それに対する猫の反応の仕方が決まる。ビーンは、高い声で呼ばれると、特に声を出して反応する。私の家族はみな、彼女に返事をしていただくために金切り声を出せるようになった。猫はみな、自分が子猫だったとき、母親に向かって高い声でミャーミャー鳴いたことから、高い音に非常に敏感なのだ。猫の主な獲物である小さな齧歯動物は、猫が聞き取れる一番高い音域で鳴くので、猫はその音に耳をそばだて、反応するように進化したのである。私の男友達が、ビーンに返事をさせようとするのだが、ちょうどいい高い声を出せずがっかりするのを見るのはおもしろい。彼女がその気にならないのは見物人の笑い声のせいもあるのかもしれないし、もしかしたら男どもに出せるかぎりの高音を出させるのが愉快なのかもしれない。

猫を呼ぶのに高い声を出すと、猫が無視することが多い低音の背景音を貫いて届く。猫はどんなときでも、キーキーとかチッチッという音に対しては注意を怠らないので、高い声の呼び声がピタリとそこにはまるのかもしれない。唇を閉じたまま息を吸いこんで、ストローで息を吸うときのように出す高い音や、「ピチュピチュピチュピチュ」と呼んだりすると、その高音の摩擦音が猫の注意を引くようだ。

自分の猫が不安をもたず、安心できるようにコミュニケーションをとるのは難しいことではないが、知らない猫、あるいはちょっと神経質になっている猫とコミュニケーションをとるにはどうすればいいのだろう？　猫は、誰かとの出会いが友好的にいかないと前足を武器として使うことが多いので、はじめはあなたの手は使わないほうがいい。友好的な猫同士は頭と頭で挨拶するので、あなたもまずは猫の目線まで身を低くして、顔と顔を近づけるのが一番いい。猫から目を離さず、でも目を見つめないこと――それは猫同士の間では威嚇の行為で、ライバル同士が、互いの強さと意志の力を測る方法なのである。目を半分閉じ、瞬きをしよう――それで猫は安心する。耳がピクピク動くのは不安を感じているしるしなので、怖がっている兆候があったらこちらの動きを遅くしよう。猫が自分から近づいてきてあなたの匂いを嗅ぐまで待って、それから手をゆっくりと、上から稲妻が落ちるようにではなく、猫の肩の高さで見せる。あなたに敵意がないことを確信すれば、猫はおそらく首をちょっと前に伸ばすだろう。そうしたら頭と顎をなでて関係を深め、あなた自身が喉をゴロゴロ鳴らすような音を出すのもいいかもしれない。自信のある、人好きな猫なら、すぐに誰とでも打ち解けてかまってもらいたがる。もう少し時間と根気がいる猫もいるし、飼い主以外とは決して打ち解けない猫もいる。猫が人間にどう反応し、それはなぜなのか、影響を与える理由や要素のいくつかについては第5章でお話しする。

猫がなぜ必ず、その部屋にいる人全員のなかで唯一、猫を好きでない人の膝に座りたがるのか、その理由は謎だ。猫に詳しい人のなかには、猫がいると緊張する人は、猫の目を見つめず、じっと座り、瞬きをしたり、猫の注意を引かないことを願いつつ向こうを向いたりするからではないかと言う人もいる。猫はそれを友好的な態度と見る、というわけだ。逆に、猫好きの人が急いで近づきすぎたり、猫大歓迎の膝の上に招き寄せようと猫を呼んだり、注意を引くために猫の目を見つめたりすると、猫は来ないのである。もしかすると、猫に近づいてもらいたくない人がたまたま、無意識のうちに、猫にとって魅力的なある種の波動や匂いを発散させているのかもしれない。

たしかに「猫好きのする人」はいて、そういう人には、概して人間を怖がる猫さえも引き寄せられ、安心して嬉しそうに接近して、飼い主を驚かせ、また喜ばせる。そういう人たちは、大げさに友好的な行動をとってみせる必要もなければ、本人は猫を飼ってさえいないかもしれない。ただそこに座っていれば猫は彼らを見つけるのだ。そういうタイプの人が善人かどうかは少々研究の必要があるが、あなたの猫の反応を観察して、人を見る目があるかどうか試してみるといい。たしかに、普段はとても人なつこい私のブルマスティフ犬が嫌う人間のことを、私はいつでも警戒するが、私の猫が、抱っこされ、可愛がられるために選ぶ人物には好感を覚える。猫に人気の人は人間にも人気なのだろうか?

睡眠と昼寝

猫は世界一眠るのが好きで、一日の六〇パーセントは眠っている。つまり、ほとんどの哺乳動物の二倍の時間を眠って過ごすのである。猫の典型的な一日は、一五時間をぐっすり眠るかウトウトして過ごし、毛づくろいと遊ぶのに六時間、残りは獲物を追うか、食べるか、探検に費やす。ライオンは、動物の屍を貪ったあと、たっぷり眠る――数日間はお腹がすかないからだ。草食動物の場合、必要なエネルギーを摂取するためには一日中植物を食べ続けなければならないが、肉食はカロリーも栄養素も高いのである。肉食動物は食べ物を捕捉するのにより多くのエネルギーを使わなければならないが、食事と食事の間は休息し、食べたものを消化することができる。飼い猫もまた、飼い主にしっかり餌をもらえるおかげで眠る時間はたっぷりある。こうして猫が眠るのに時間を費やすことが、たとえば犬などの、もっと大きい哺乳動物と比べて猫がなぜ長生きなのか、その理由を一部説明するかもしれない。もちろん、お腹がすいたり、寒かったり、あるいは求愛や交尾に忙しいときは、猫ももっと活動的だ。生まれたての子猫は一日の九〇パーセントを眠って過ごすが、生後四週間経つ頃には睡眠時間は成猫と同じくらいに減る。年寄り猫は、年をとった人間と同じで、眠ったりウトウトする回数が多い。また猫は人間と同様に、暖かくて、安全で、そしてお腹がいっぱいのときによく眠る。

飼い猫は、飼い主の日常生活パターンに合わせることが多く、昼間家に猫しかいないときに眠り、人間がいる朝と夜に活動的になる。週末には短いお昼寝を一定の間隔で繰り返す――必要ならいつでも遊んだりなぐさめてくれる人間が近くにいることがわかっているので、安心してウトウトしたり、ぐっすり眠ったりするのだ。

睡眠のプロである猫はこれまで、睡眠に関するいくつもの科学的研究に使われている。眠っているとき、猫の脳は人間のそれと似た電気的活動を見せるのだ。眠ってから最初の一五〜二〇分間、猫は首の周りと頭がかなり緊張していて、カチッとかキーキーといった音、突然の音にはすぐに目を覚ます。それから猫はリラックスし、六～七分間横向きになり、ひげ、尻尾、足先がピクピク動いたりする。おそらく夢を見ているのだ。猫にもまた、人間が熟睡したときの特徴であるレム（急速眼球運動）睡眠が見られる。そしてしばらく浅い眠りに戻ってから再び夢を見る。この深い眠りが猫の生活の一五パーセント、浅い眠りが四五パーセントを占める。子猫は生後一か月間は浅い眠りは体験しない——浅い眠りを制御する脳の中枢が、生後五週間くらいになるまで発達しきらないからだ。

昼寝をするとき、猫はどこにでも横になって目を閉じるが、意識はわりとはっきりしている。だが、ぐっすり眠りこむ前には、安全だと感じる場所を見つけなければならない。結局猫はそういうときに完全に頭のスイッチをオフにするわけなので、リラックスでき、安全なところが必要なのだ（もっとも、ソファの背もたれの上で、お昼寝のつもりが本格的に寝入ってしまい、背もたれから落ちる猫を見た経験は誰にもあるはずだが）。睡眠中は体温が下がるので、猫はよく、ポカポカの日だまりや乾燥室など、暖かくて安全な場所を探す。

昼寝中の猫にはあなたが近くにいることがわかっているし、あなたが近づけばそれもわかる。猫の耳はまだレーダーのように、どんな小さな音も聞き逃すまいとあたりを見張っているからだ。熟睡している猫は、大きな音がしたり急につつかれたりして目を覚ますとショックを受けることがあるので、猫を起こす必要があるときには、あなた自身がどんなふうに起こしてもらいたいかを考え、同じようにしよう——静かな囁き声で、そっと体に触れ、心配ないよ、と安心させながら。そして、猫があなたより寝起きの機嫌がよいことを祈ろう。

猫はよく、愛情あふれる家庭の温かさ、安全さ、居心地のよさの象徴として広告に登場し、暖炉の火の前で丸くなっているところが描かれる。あるドイツ人動物学者は、眠っている猫四〇〇匹を観察し、猫が寝ている姿勢でその部屋の温度がわかる、と結論した。温度が一三℃以下だと猫は頭を体にぴったりと潜りこませて丸くなるが、温度が上がるにつれて猫の体がほどけていく。二一℃以上になると、猫は前脚を前に出して体を伸ばす。自分が安全だと感じ、かつ部屋が暖かければ、最後には脚を空中に伸ばしたり、完全に横になって眠るかもしれない。それぞれの猫には独自のパターンがあって、飼い主にはそれがわかるはずだ。

猫のベッドを置く場所を決めるときは、猫には安心と暖かさが必要であることを考慮しよう。あなたが選んだ場所で満足できなければ、猫は自分で寝る場所を決めることになるからだ。高いところは猫が安心する——好奇心の強い小さな子どもや子犬がいる家ならなおさらだ。猫は、世界を安全に見下ろせるところに登り、下から危険が近づけばその前足でやっつけるのだ。また平和にお昼寝するためには安全な隙間や身を隠す場所が必要で、だからよく、暖かい納戸や高い棚の上を選ぶ。あなたが用意したバスケットがどれほど猫にぴったりで居心地がよくても、猫は常にいくつも昼寝や休憩の場所をもつことを忘れずに。だからあまり無理して高価なベッドは買わないほうがいいだろう。段ボール箱の中に古いクッションを入れたり、ソファの端に毛布を置いてやるのが理想的だ。

目が覚めると猫はまず、ちょっとの間伸びをして、体の隅々まで血の巡りを回復させる。どんなヨガの達人もうらやむ体の柔軟さで、頭のてっぺんから爪先まで、関節と筋肉を伸ばす――体が滑らないように爪をカーペットに突き立て、体を弓なりにし、お尻を空中高く突き上げて後ろ脚と尻尾を伸ばすのだ。何度かあくびした後、ささっと顔を洗えば、行動準備完了である。

触れあう喜び

多くの猫は触られるのが好きで、別の猫にグルーミングしてもらったり人間になでられたりするのが嬉しいというのは見れば明らかだ。情熱的に体をこすりつけ、力強いリズムで喉をゴロゴロ言わせ、喜びではちきれんばかりである。触れる、という行為による刺激は、脳内に、喜びや幸福感をもたらし、痛みを克服するのにも役立つエンドルフィンという化学物質を分泌させると考えられている。猫には非常に活発なエンドルフィンシステムがあると思われ、多くの獣医が、見るからに重傷の猫が治療に連れてこられても痛い様子を見せない、と言っている。おそらくはこれが、交通事故に遭ったあと、どこか静かなところまでなんとか這っていける猫が多い理由なのだろう。痛みを抑えるはたらきのおかげで、それ以上怪我をしないように安全なところまで移動できるのだ。もしも、なでることで同様にこの強力な精神活性成分が分泌されるのなら、なでられて猫が喉を鳴らすのも無理はない。

触れる、というのは最も根源的な愛情表現であり、人間の子ども、サル、子犬などは、彼らを安心させる愛情に満ちた接触がなければ元気に育たないどころか死んでしまう場合もあることがわかっている。

子猫も同じであることは間違いない――実際に、生まれたての子猫が生き残れるかどうかは母猫が子猫に触れるという行為にかかっているのである。母猫がお腹と尻尾の下を舐めて刺激しなければ、子猫の膀胱や腸は開かない。母猫は子猫を始終舐めてきれいにし、排泄物を食べて、寝床が濡れて冷たくなったり、感染症の温床になったりしないように気をつかう――どれも、子猫の生存の確率を低くするからだ。

まだよく目が見えず、耳もよく聞こえない生まれたての子猫にとって、グルーミングや母猫との触れあいは、生存を確かなものにするために不可欠だ。母親の寝床に包まれて、子猫は、触れられることと匂いに頼って生き残る。子猫のときに触れられることのなかった猫は、引っこみ思案で臆病で、他の猫に触れられることのない分、その埋めあわせに、自分で余計にグルーミングするかもしれない。子猫はこうして触れられることの安心と気持ちよさに、喉を鳴らして応える――そしてそれが大人になってからの私たちとの関係においても、私たちの家という安心で安全な環境の中で保たれているのだが、これ以外にも、なくならない子猫じみた行動がある。

成猫になってもなくならない子猫のようなふるまいの一つにニーディングがある。猫はたいてい、私たちの膝に座ってなでられると、前足の爪を出したり引っこめたりしながら「フミフミ」し、そのリズムに合わせるように熱狂的に喉をゴロゴロ言わせる。これは猫がまだ母猫の乳を吸う子猫だった頃、母猫のお腹、乳首の周りをニーディングして刺激し、乳の出をよくしたことからきている行動だ。猫は何歳になっても、人間といるとこの行動を思い出すことがあるのである。猫が明らかに、私たちの膝の上で、無防備な子猫に赤ちゃん返りできるほど安全で満足しているということを、私たちは光栄に思うべきだ。

グルーミング

子猫は生後約三週間、多くの場合は歩けるようになる前に、トゲトゲの舌を櫛のように使ってグルーミングすることを覚える。これは本能的な行動で、生後六週間になる頃にはすっかり熟練する。猫は、抜けた毛を取り除き、新しい毛が生えるよう刺激し、毛が絡まるのを防ぎ、皮膚の皮脂腺から出る分泌物を塗り広げて、体毛が防水効果と断熱効果を保つために手入れをしなければならないのだ。だが、唾液が体毛から蒸発するときに余計な熱を奪うので、グルーミングという行為そのものはまた、猫の体温を低く保つ方法でもある。だから猫は、気温が高いときや激しい運動のあとにはグルーミングが多くなるし、グルーミングによって、尿の量と同じくらいの水分が体から失われる。

ほとんどの猫には、その猫なりのグルーミング方法がある。起きている時間の最大三分の一を、頭のてっぺんから爪先まできれいにするのに費やす猫がいるかと思えば、ほとんどグルーミングしない猫もいる。左右対称かつ体系的にグルーミングする猫がほとんどで、顔と耳の後ろは前脚を使う。前脚を唾液で覆ってから、「汚れた」部分を、後ろから前に向かって円を描くように何度もぬぐうのである。ある科学者は、猫は、毛をきれいにする特殊な洗浄液を分泌すると考えている。たしかに猫は清潔な匂いがするし、猫ほど身なりにうるさくない犬につきものの、あの湿っぽい匂いもしない。

猫の体はことのほか柔軟で、捻ったり傾けたりすれば体のほとんどの部分に舌が届く。だが、耳の周り、首の後ろ、顎の下といった届きにくい箇所は、友達に手伝ってもらうほうがずっといい。一緒に暮らしている仲のよい猫同士が互いに体をきれいにしあうのは、猫同士の絆づくりには欠かせない行為であり、猫はグルーミングをしてくれと始終互いに求めあい、その恩をあとで返すのだ。猫はこうやって、人間や、その家で飼われている犬（猫は犬にも体をこすりつけたり舐めたりする）も含んだ集団の匂いを作る。私たちが猫をなで終わると、今度は猫が自分をグルーミングして私たちの匂いを「味わい」、それを前述した集団としての匂いに組み入れるのである。

短毛種の猫のほとんどは自分をグルーミングするのが非常にうまく、自分の毛を最高の状態にしておくのに人間の助けをほとんど必要としない。ただし、だからといって、猫同士がするように、グルーミングや猫との触れあいを私たちと猫との絆づくりに使ってはいけない、ということではない。ブラシやグルーミング用手袋は、子猫が乳離れしたら、あるいは子猫をもらったらできるだけ早く使いはじめ、母猫の役割を引き継ぐべきだ。

あなたがグルーミングするのを猫が受け入れ、楽しむようにすることは、特に長毛種の場合絶対に必要である。現在のペルシャ猫は、野生の環境ではおそらく生きられない――なぜなら、毛が絡まらないようにして、濡れたり凍えたりするのを防ぐ効果的なバリアーとしておくことができないからだ。また、長毛種の多くは鼻が平らになるように交配されていて（たとえばピークフェイス・ペルシャ）、おそらくは呼吸とグルーミングを同時にするのは難しく、まして獲物を捕ることなどできない。多くの猫種は

グルーミング

起きている時間のうち、多ければ３分の１がグルーミングに費やされることもある。いかに体がやわらかい猫でも舌が届かない耳の後ろや顎の下にいる寄生虫を取り除くには、足でひっかくのが役に立つ。

ほとんどの猫はとても几帳面だ。体を捻り、ねじ曲げて、体中のほとんどをきれいに舐めるが、耳の後ろと頭を洗うには前脚を使う。

前脚を唾液で覆って、後ろから前に円を描くようにして顔や耳の後ろをぬぐう。そして満足するまでそれを何度も何度も繰り返す。

交配によっておとなしくなり、グルーミングされるのをよく我慢する。小さいうちに始めれば、猫があなたの役割を受け入れる確率はずっと高くなる。ただし、しょっちゅうブラッシングされるのを楽しむようになるかどうかは別問題だが。毛の絡まりを取り除くのを遅らせることだけは絶対に避けなければいけない。さもないと、万力のように猫をがっちり押さえつけて、ブラシ、櫛、ハサミを手にして猫と取っ組みあいをしなければならなくなる。長毛の猫は、必要なグルーミングに小さいうちから慣らしておかないと、獣医に連れていき、全身麻酔をかけて毛を完全に（肌すれすれまで）刈る、という極端なことをする必要が出てくるかもしれない。子猫のうちに始める、という原則を守れば、ほとんどの猫はブラッシングが好きになる。あなたの飼い猫が長毛種なら、その必要があるように見えても見えなくても、少なくとも一日に一回はグルーミングしてやろう。

もちろん、猫は一匹一匹好き嫌いが異なるので、ブラッシングされるのが好きな猫もいる。なでられたり、頭の周りをくすぐられるのはほとんどの猫が好きだし、そうしてやると驚喜する猫もいる。ほとんどの猫は毛を逆なでされるのが嫌いだ——その理由は、猫の毛は毛包《もうほう》から、肌に毛がぴったりと倒れて効果的に肌を守り、暖かさを保つような角度でわざわざ生えているので、逆なでされると気持ちが悪いからだ。皮膚の内側にある神経細胞によって、毛が平らに寝ていないと猫にはわかるのだ——だから猫は、逆なでされ続けるのを嫌う。もちろん、なかには体中の毛をクシャクシャされたりくすぐられたりするのが好きな猫もいて、ひっくり返ってお腹を見せたりもする——普段はしっかり保護されている、無防備な部分だ。ほとんどの猫はくすぐられるのを少しの間は我慢するが、やがて爪と歯であなたの手につかみかかる。すっかりリラックスして気持ちよさそうにしていたのに、次の瞬間「トランス」状態からパッと覚めて激しくあなたの手を攻撃するのだ。これは、実は猫がもつ基本的な防衛反射である。はじめのうちはリラックスするのだが、突然自分がちょっとばかり無防備でありすぎるのに気づき、身を守るために攻撃的な態度を見せるのだ。これにはあなたと同じくらい、猫自身もびっくりすることが多い。

だが、グルーミングは単なる衛生と絆づくりのためだけのものではなく、他にも役割がある。緊張を解くのである。あなたの猫が、けんかのあとや何か嫌なことがあったときにちょっとばかりグルーミングをするのを見たことがないだろうか。猫は、外に出たいのに猫用ドアが開かない、とか、そういうジレンマに直面したときにもグルーミングをする。猫の頭の中の葛藤に、「転位行動」と呼ばれるもので対処するのである。私たち人間が、困った局面で頭をかいたり髪の毛を指でもてあそんだりするのと似ているかもしれない。一緒に住んでいる猫と仲が悪かったり、欲求不満や退屈を感じているなど、猫が恒常的にストレスを感じていると、過剰なグルーミングをすることもある。そういう猫はひっきりなしにグルーミングを続け、リラックスしようとするのだが、毛がまだらに擦り切れたり、禿げてしまったりすることがある。こうしたスポットは普通、背中の真ん中の下のほうや脚の付け根にできる。なかには毛がなくなっても舐め続け、皮膚が赤く擦り剝けてしまう猫もいる。こうした不可解な反応については、第7章で詳細に述べる。

狩猟行動

猫の狩猟行動は、基本的には動く標的に対する単純反応で、もって生まれた強力な衝動に起因し、あとで身につけた技術によって洗練されたものだ。その技術は、母猫が死にかけの獲物を子猫のおもちゃとして持ち帰り、子猫たちが試行錯誤して、獲物を扱い、殺すための最良の方法を覚える、そういう経験の中から生まれるものだ。いろいろ試してみること、そして母猫や同腹の子猫たちや周囲の環境に反応すること、そのすべてが猫の狩猟能力を高め、統合するのである。

捕獲できるかもしれない獲物を追っているとき、猫は野原や庭や生け垣を、すべての感覚器官をとぎすまして探索し、しばしば立ち止まっては自分のすぐ近くの状況をより詳しく調べる。生物学者はこれを「移動型」狩猟戦略と呼ぶ。あるいは、ある決まった場所、たとえば生け垣の中のネズミの通り道とか、実際に鳥が棲んでいる鳥の巣の下に陣どって、獲物が通りすぎたりヒナが初めて飛ぼうと試みるところを辛抱強く待ったりもする。これは「待ち伏せ型」狩猟戦略と呼ばれる。後者の場合、猫はネズミの隠れ穴の入り口に、ネズミに気づかれないように慎重に忍び寄り、動かずにそこに座って何かが起きるのをじっと待つ。考えてみれば、餌のボウルの横に座ってあなたが餌を入れるのを待っているあなたの猫は、待ち伏せ型戦略をとっているわけである。

自分の猫が捕獲した獲物をおもちゃにし、さっさと殺さず死ぬまでいたぶる様子に腹を立てる飼い主は多い。それが長い時間続くのは、その猫が子猫だったときに獲物の殺し方をきちんと学ばなかったしるしだ。もしかしたら母猫が、練習用に死にかけのネズミを持ち帰ったことがなかったのかもしれない。それで猫は、かつて、おもちゃを叩いたり放り上げたりして遊び、同腹の子猫たちや母親の尻尾にじゃれついたときのように、獲物を足で叩いたり放り上げたりするのである。猫はまた、自分が捕まえたこの獲物はいつでも好きなときにとどめを刺して食べることができる、という安心感の中、死にかけの獲物を使って次回の狩猟のために腕を磨いたりもする。さらに、たっぷり餌を与えられるペットの猫は、のっぴきならない空腹を癒すために急いで殺すことを覚える必要がなかったのだ。そこで、「ペットとして飼われている猫はそもそも獲物を捕って殺す必要があるのか？」という疑問が浮かぶ。その答えはこうだ。猫が殺すものの全部が食料として必要なわけではなく、練習のために、あるいは単に、まだ生きて動き、キーキー言っている間は、おもしろいおもちゃとして使われたりもするのである。おそらくは、人間のハンターや多くの犬がそうであるように、獲物をつけ狙い、獲物と向きあうと、喜びを感じ、気分がハイになるのかもしれない。そしてその感覚は獲物が死ねばなくなってしまうのだ。そうなったら、猫が興味を維持するためには、死んだ獲物を放り上げてもう一度「生き返らせる」しかないのである。ほとんどの猫は、獲物が死ぬとたちまち興味を失ってしまう。そしてそれを食べるか、あるいは放棄して、別の、生きた獲物を探しに行く。獲物を捕る、殺す、という行為は、猫の場合、空腹かどうかということと関係なく行われるのである。

猫を飼っている人のなかには、猫の首輪に鈴をつけて鳥やネズミに警告しようとする人がいるが、猫は、鈴が鳴らないように動く方法を編み出してしまうことが多い。それに、前述した待ち伏せ型戦略を使えば、どうせ手遅れになるまで鈴は鳴らない。

猫が捕まえた獲物を家の中に持ちこまないようにするには、あとで説明する、「不可抗力」と名づけた嫌がらせの方法がある。だがそれも、猫が獲物を捕るのをやめさせることはないだろう――別の場所に持っていくようになるだけだ。

食事

自力で生きていかなければならない状況に置かれたら、ほとんどの猫は、獲物を捕る、ゴミを漁る、親切な近隣の人がくれるものを食べる、という三つの方法を組みあわせて生き残るだろう。それまでその猫がどれくらい人間と近しく暮らしていたかにもよるが、人間と安全な距離を保ちながら手に入るもので我慢するか、別の家族の心をつかみ、その家に入りこんで、彼らを最大限に活用するかもしれない。

私たちは餌を猫との絆づくりに使う――そうやって、食べ物を与えてくれる存在としての母猫の役割を果たすのだ。飼い猫のほとんどは、何一つせずとも餌をもらえる――ただお腹がすいたら飼い主にそっとせがむだけでいい。ではなぜ猫は、家にいくらでも餌があるのにまだ狩りをするのだろうか？

空腹感と、狩りをする衝動は、猫の脳の中の異なった部分がつかさどっている。お腹がいっぱいになれば、外に出て食べ物を見つけたいという衝動はなくなって、暖かいところでウトウトするほうが好ましいと思うかもしれないが、それでも狩りをする欲求はなくならない。満腹になると狩猟本能が停止するのであれば、私たちが大好きな猫の「じゃれる」という行動を目にする回数はずっと減ってしまうだろう。紐やピンポン玉を追いかけたり、上から吊るした猫のおもちゃに向かって跳び上がったりするのはみな、それらの動きと猫の狩猟本能がなせる行動だ。猫がじゃれるのを見るのは楽しいし愉快なので、それがなくなれば悲しむ人がほとんどだろうが、非常に狩りがうまい猫の飼い主のなかには、鳥、ネズミ、カエル、その他さまざまな獲物を飼い猫が持ち帰って披露するのをやめてくれるなら、喜んでそれを犠牲にする人もいるだろう。

老齢の猫でさえ、毛糸玉の前では子猫に戻ってしまう。そして子猫が見せる何とも愉快なあの遊び方は、本物の狩りの練習をしているにすぎないのである――食事のために狩りをする必要がない子猫も、バランスの取り方、スピード、敏捷性などをこうやって学ぶのだ。

猫は自分が捕まえた獲物を食べないことさえあり、私たちにはますます無駄に思えるのだが、これは他の肉食動物にも見られる特徴だ。トガリネズミとモグラは普通却下される。猫にとっては明らかに、おいしくないらしい。ハツカネズミや小鳥などの、もっとおいしい獲物でも、胆嚢や小腸の一部を残す猫もいれば、毛も羽も何もかも全部食べてしまう猫もいる。私たちが飼っている黒白猫のブレットは、獲物を家に持って帰ってきてボウルの中の餌（いつでもドライフードが入っている）の上に置き、胆嚢をわびしく餌の上に残してそれ以外を平らげる、という素敵な習慣がある。猫がなぜ獲物を家に持ち帰るのか、その理由は定かではない。自分の家という安全な場所で、リラックスし、近くにいるライバルに横取りされる心配をせずに味わって食べたいからかもしれないし、飼い主や他の猫のために、母猫が子猫のためにそうするように、獲物を持って帰りたいのかもしれない。また、飼い主へのプレゼントとして持ち帰る猫もいるようだ。飼い主にとっては迷惑である――特に、捕まったネズミがそんなに重傷でなくて、コソコソと這って逃げて家に居着いてしまうような場合には。フェルマーシャムという村［訳注：ロンドンの北一〇〇キロあまりのところにある村］での調査によれば、一年間に七〇匹の猫が持ち帰った獲物は一〇〇〇匹を超えていた。定期的にたくさんの獲物を持ち帰る猫もいれば、ほとんど獲物を持ち帰らない猫もいた。

では、猫はどんな食べ物が好きで、どのくらいの頻度で食べたいのだろう？　そして私たちはどうすれば食べ物を使って、猫とよりよい関係を築けるのだろう？　キャットフードの選択は、人間の価値観を尺度にしていることが多く、私たちは、お肉たっぷりとか新フレーバーを謳う広告攻めにあっている。そういう広告はたいてい、人間が見ておいしそうと思うところを狙っている。もちろん、缶詰のネズミやスズメなど、猫には理想的な食事だとしても、人間の目から見ればとんでもない。

猫は、手に入る食べ物全部の違いがわかるのだろうか？　第1章で見たように、猫の味覚と嗅覚は鋭く、タンパク質を構成する成分に敏感で、脂肪の匂いを嗅ぎ分ける。また、水の味にも敏感だが、甘味には鈍感だ。だから、おそらく猫は匂いだけでその餌が好きかどうかがわかり、実際に味を見る必要はないだろう。その食べ物が口に合うかどうかは、触覚、嗅覚、それから味覚を使って判断するのである。一般的には猫は狩猟肉の味を好む。私自身の飼い猫たちは、ウサギとキジに目がない（それにベーコンとスモークサーモンも――なんと運のいい猫だろう！）が、特に好きでない肉の種類も多い。

同じくらい口に合う二種類の食べ物を与えると、猫は比較的目新しいほうの味のものを選ぶ。このことは、猫が、餌の味を頻繁に替えてもらいたいのだということを示している。ただし、ストレスを感じている猫はおそらくよりなじみのある味のほうを選ぶ——もっともなことだが、自分が知っているものの安全性や確実さにしがみつくのだ。もちろん、餌の好みは猫によって違う——缶詰、ドライフード、あるいは生の餌のどれが好きでも、小さいときからいろいろな味や質感に慣れさせて、バランスのとれた食事が摂れるだけでなく、ある特定の味や種類の餌の依存症にならないようにすることが大切だ。人気があって便利な万能ドライフードは、複数種の、だがいつも決まった原料からとったタンパク質、脂肪、ミネラル、ビタミンがバランスよく含まれているので、いろいろな種類を与えることはさほど重要ではない。

猫の食欲は、餌の作り方や猫の感情的な状態によって左右される。耳慣れない音、知らない人、時には餌のボウルが変わっただけでも食欲がなくなる原因になることがある。味覚と嗅覚が鋭いので、猫は湿気た餌にはすぐにそっぽを向く。猫が一番好む食べ物の温度は二五~四〇℃、つまり、獲物を食べる際の温度である。だから、冷蔵庫から出したばかりのものは与えないことだ——温度が低いと、味も匂いも弱まるからである。餌のボウルの位置がトイレに近すぎても、餌を食べなかったりトイレを使わなくなったりする。私たちの夕食がトイレの横に用意されたら、私たちとて同じ反応をするだろう。人が頻繁に行き来する場所から離れたところが一般に好まれる。餌を盗もうとする犬や、好奇心いっぱいの子どもたちのいないところで落ち着いて食べられるからだ。

猫は砂漠が原産地なので、おそらく自分で魚を捕って食べたことはなく（魚を捕まえるのがうまい猫が一種だけインドにいる）、水槽や池の金魚を捕まえたという場合を除き、人間が与えた魚しか食べたことがないはずだ。猫は魚が好きだといわれるようになったのはおそらく、第二次世界大戦後、魚が比較的入手容易で安価なタンパク質源であるという事実を、ペットフードのメーカーが広告に利用しはじめてからのことである。猫といえば魚、という関係は、以来ずっとそのままなのだからその広告キャンペーンが成功したことは明らかだ。とはいえ、多くの飼い主が証言するだろうが、猫は実際に魚が好きである。

もちろん猫にはそれぞれ食べ物の好き嫌いがあるが、すべての猫に共通することが一つある。猫には肉が必要で、菜食というわけにはいかないということだ。人間や飼い犬は雑食性で、肉を食べないと決めても害はない（その通り。犬はベジタリアンとしてちゃんと生きていけるのだ）が、猫は、たとえば肉にしか含まれないタウリンなど、特定の成分が食事に含まれなければ生きていけない。ベジタリアン・ペットフードとして宣伝されているものは、タウリンその他、猫に必須の成分が添加されているはずだ。こうした添加物が含まれていなければ、猫の食事としては不十分だし、猫には適さない。猫は草や鉢植えの植物を食べるが、それはおそらく下剤としてで、食べてすぐに吐き出す。野菜が好きな猫もいるが、野菜だけでは猫が必要とする栄養には不足なのである。

猫は一日に一度たくさんの餌を与えるのがよいのか、少しずつ何度も与えたほうがよいのか、それともいつでも食べられるように置いておくのがよいのだろうか？　犬はほとんどの場合、餌をがつがつと貪り食う。野生の犬やオオカミの群れでは多数の口が餌を求めており、競争が激しいからだ。多少なりとも秩序を守り、食事のたびにけんかしてメンバーが怪我をするのを防ぐために、彼らにはペックオーダー〔訳注：もともとは、群飼《ぐんし》されるニワトリの個体間に見られる強弱の序列のこと。転じて集団で暮らす動物社会での個体の力関係全般を意味する〕という序列があって、それによってそれぞれの個体がいつ食べ物を口にしていいかが決まる。まずは群れのリーダーが満腹になるまで食べる。それから他のメンバーが序列の順に、それぞれ満腹するまで食べる。最下位のメンバーはたいてい、少しでも肉が残っていることを願いながら待たなければならない。一方、単独で狩りをする猫は、一般にあまりがつがつしない。そして食べ物がいつでもあるならば、一度にたくさん貪り食うより少しずつ何度も食べる。猫の摂食に関する研究によると、好きなように食べることを許された猫は、二四時間の間に最高二〇回も食べた。これは、自然界での摂食行動を模しているように見える。飼い猫が一番よく捕まえるネズミは、一匹が三〇キロカロリーのエネルギーを供給する。体重が三・五キロで活発な猫は一日に約三〇〇キロカロリーを消費する――つまり一日ネズミ一〇匹分、食事一〇回分だ。だが飼い猫は生きるためにネズミを捕まえる必要はなく、健康で、妊娠中でも授乳中でもない成猫はほとんどの場合、質のいいキャットフードを一日一回与えれば必要なカロリーは足りる。ただし、それでも猫は狩りをするのをやめないが。

　だが餌をやるのは、単に十分なカロリーと栄養を与えるというだけのことではない。餌をやるのは、猫とその飼い主が関係を築くために非常に大切である。だから、どんな種類の餌を選ぶにしろ、餌の時間は猫と触れあい、コミュニケーションをとる時間として使うといい。猫が餌を欲しがったら応えてやれば、猫も嬉しそうな反応を返してくれる。

餌の時間に猫を呼べば猫は走ってくる。呼ばれる前に走ってくる猫も多い——私たちの動作から、餌の時間が近いことがわかるのだ。缶切りを探すとか、餌のボウルを洗うとか、特定の棚の扉が開く音などがすべて合図になり、猫は突如としてどこからともなく、張りきって現れる。猫の鳴き声に私たちが返事をし、ボウルに餌を入れている間中会話は続く。猫は飼い主に、そして餌のボウルにまで体をこすりつけてマーキングし、何か邪魔が入って餌をもらえるのが遅れないように、飼い主を激励する。ちらっと匂いを嗅いで献立を確認してから、猫は餌に没頭する——さっきまでの、愛想がよくて可愛らしい仕草は忘れ去られて、飼い主はもはや必要ない。

猫は一度か二度の食事で十分だし、ドライフードをいつでも食べられるように置いておくことも可能だが、動物行動学者は、その猫を飼うようになって最初の一年間は特に、少しの餌を何度も与えることを勧めている。少しずつ餌をやるたびに猫との交流をもつことで、あなたと猫の絆は深まり、猫が母猫との間にもっていた関係を継続することができる。餌の時間には、あなたも猫も互いに交流しようと努力するので、猫の生活における母親の役割を引き継いでより強固なものにし、猫との友情を保つことができるのだ。これこそが、猫の飼い主が猫と幸せな関係をもつために最も重要なことであり、猫が私たちといることをリラックスして楽しめる大きな理由の一つである。いったんこうした絆ができれば、あとは食べたいときに食べさせ、一度の量を多く、回数を少なくしてかまわない。

欲張りな犬とは違って、猫は普通、必要な量しか食べず、太りすぎになることもずっと少ない。猫のサイズは、同じ種のなかでさえ個体差が大きいので、理想体重を割り出すことは難しい。あなたの猫が太りすぎだと思うなら、気をつけるべき兆候の一つは、お腹の下にぶら下がる皮膚と脂肪の「エプロン」だ——歩くときにそれがブラブラ揺れるようなら要注意である。多くの猫、なかでも東洋種の猫は、体全体は太らないかもしれないが、その代わりお腹の下に余計なお肉をぶら下げていることがある。ダイエットが必要かどうか、どうすれば安全で実際的な方法で体重を減らせるかは、獣医にアドバイスを求めるといいだろう。餌を山盛り食べてもまったく太らない猫もたくさんいる。

きれい好き

猫は生来清潔な生き物だ。起きている時間のうち、多ければ三分の一をグルーミングに費やすばかりでなく、排泄の仕方も普通、清潔かつ品がよく、そのこともまた、猫がペットとしてこれほど可愛がられる理由の一つである。猫はたいてい、庭の静かな片隅や生け垣の下など、できるだけ多くの方向が守られていて、例の、非常に無防備なしゃがんだ姿勢をとっても安全な場所を選ぶ。土が比較的やわらかいところ（お気に入りはできたての苗床だ）を選んで穴を掘り、排便または排尿して、周りの匂いを嗅いだあと、穴に土をかけて埋める。人間にとっては都合のよいことに、これはすべて屋外の、普通は自分の家の庭ではないところで行われ、私たちは考える必要もないことだ。ただし、猫砂の市場規模が年商数十億円におよぶという事実は、猫の「下の始末」のことを考える必要があって、排泄の場所を作るために猫砂を家に持って帰るのに苦労している人が多いということを示している。

屋内に置いた猫用トイレを使うのは、幼すぎてまだワクチン接種を受けていないために屋外に出ると感染しやすかったり、病気だったり、あるいは老齢で体が弱り、縄張りの見回りにも行けなくなったときなど、短い間だけである猫もいる。一方、都市部では、外は車が危険なので今では多くの猫がずっと家の中にいる。私の猫のうち、フラートとビーン、また同様に被毛がシングルコート［訳注：毛の生え方が一重であること。二重のものをダブルコートという］の猫種の多くは、寒いときには外に出たがらないし、凍った地面を掘るなどというのはもってのほかで、ほとんどの場合は屋内の猫用トイレを使いたがる。だがブレットは、ほとんどの猫がそうであるように、どんな悪天候だろうが外に出ていき、屋内トイレを使おうなどとは夢にも思わない。

生後六週間から一二週間（血統書つきの場合は一二週間以降）の子猫をもらうと、たいていは何の問題もなく猫用トイレが使えるので、トイレのしつけがうまくいったと自慢したくなるが、実はしつけは全部、母猫がすでにすませてあるのだ。子猫がトイレの場所を知っていて、そこに入ることができさえすれば、子猫の新しい飼い主にとってすべては順調に進む。子猫は生まれてすぐに、寝床は決して汚してはいけないということを覚える。そもそも子猫は、母猫の舌がお腹や性器周辺を刺激しなければ、自分ではおしっこもうんちもできない。子猫のほとんどは、生後三週間ほどで、自分の意志で排泄できるようになるが、こうした反射反応は生後五週間頃まで続く。子猫が寝床から外に出て歩きまわり、外の世界を探検するようになっても、母親は子猫の排泄の面倒を見続ける。寝床から離れたところに子猫を連れていき、寝床は決して汚してはいけないということを生涯にわたって叩きこむのだ。しっかりした母猫は子猫をしっかり教育する。そしてそれぞれの世代が次の世代にそれを教えていく。

子猫は遊びながら、地面を前足でひっかいたり、猫砂をひっかきまわしたり、その周りにあるものについて学んでいく。やわらかくてサラサラしたものを、猫は本能的にかき集めようとしたりひっかいたりする。子猫はまた、母猫を観察し、まねすることから多くを学び、まもなく猫用トイレの匂いと排泄行為を頭の中で結びつける。生後六週間ほどで乳離れするまでには、子猫は自分で猫用トイレを使う習慣がついている。この結びつきは通常、のちに、ワクチン接種をすませた子猫が屋外の土をトイレに使うようになってもうまく引き継がれる。

私たち人間の役割はほとんどないように思えるかもしれない。子猫が餌を食べたあと、あるいは目を覚ました直後の、排泄する可能性が一番高いときに子猫を猫用トイレに連れていけば、その好奇心いっぱいの小さな頭の中で二つの機能が結びつくのにたいていの場合は十分だ。だが、どこにトイレを置くか、どんな猫砂を敷くかについては考える必要がある。猫は排泄する際、周りから守られた静かな場所を選ぶのが普通なので、覆いのないトイレを廊下や犬のベッドの横に置くのを歓迎しないし、神経質な猫なら使用を拒むかもしれない。部屋の隅に、上から箱で覆いをしたり（もちろん、箱の片側には猫サイズの出入り口を開けておく）、最初から覆いがついている猫用トイレを使えば、猫はより安心し、喜んで使うだろう。また覆いがあれば、トイレの砂のほとんどを脇から外にこぼそうと懸命な、熱心すぎる砂掘り猫が周囲を汚すのも防ぐことができる。

猫は掘るという作業が好きなので、子犬にトイレのしつけをするときのように、新聞紙をトイレに敷くのはやめたほうがいい。また、猫砂の種類については、猫によって重要度が違う。もともと半砂漠地域が原産地なので、猫は砂や粒の細かい素材があれば喜んで使う。建築に携わる人のほとんどは、週末が終わってセメント作りの現場に戻ってみると、積んである砂の山にボーナスが混じっていた、という経験があるはずだ。自分の子どもの砂場を近所の猫がしょっちゅうトイレ代わりにしている、という親御さんも多いだろう。最近菜園の土起こしをしたばかりなら、こういう猫の好みを、こちらに都合がよいように利用することもできる――砂は近所中の猫にとって非常に魅力的だからだ。庭の片隅に積んである砂山は、掘り返したばかりの土よりももっと、たまらなく魅力的なので、こうしておけば苗床が近所の猫に荒らされるのを防げるかもしれない。かもしれない、というのは、いつでも必ず一匹くらいはルール破りの猫がいるものだからだ。飼い猫のチャイコフスキーと世界中を旅したことを綴った著書『Travels with Tchaikovsky, The Tale of a Cat（チャイコフスキーとの旅――ある猫の物語）』の中で、レイ・ハドソンは、チャイコフスキーが砂漠の真ん中でも断固として砂で排泄しようとせず、猫用トイレを置いてやらなければならなかったと書いている。エジプトの祖先の影響なんてそんなものなのだ。

子猫用のトイレは病原菌があってはならず、それを確実にするためには、熱帯魚店で売っていることがある消毒済みのものでないかぎり、砂は使わないほうがいい。イギリスで一番一般的な猫砂は、フラー土を原料とする粒状の乾燥粘土で、濡れると塊になる。その他には、もっとずっと軽いペレット状の木屑タイプや、もっと粒の細かい乾燥粘土などがある。ずっと家の中にいる猫の肉球は、コンクリートの歩道を歩いたり夜通し見回りに歩いて硬くなった外猫の肉球と比べてずっとやわらかい。だから家猫は、粒の大きいペレットタイプの猫砂の上に立つのが不快で、粒の細かいものを好むかもしれない。

猫砂のタイプによって、どれくらいの頻度で砂を取り替える必要があるかが違ってくる。しょっちゅう取り替えなければならないものもあるし、固まるので、糞だけでなく尿もすくって取り除くことができ、残りの砂はそのまま使用できるものもある。排泄物は定期的に、次に猫が使うときに塊がひっかきまわされる前に取り除かなければならない。ほとんどの猫用トイレは、一日に一回は掃除しないと汚れがひどくなりすぎる（その結果猫はトイレを使わなくなったりする）が、トイレの匂いは残して、猫が排泄とトイレの関連を失わないようにする。これは、新しい子猫をトイレに慣れさせるときには特に重要だ。

猫は普通、とても潔癖で、粗相することはめったにない。排泄という、平凡だが避けることのできない現実について、猫の視点で少々考えてみると、猫がよりリラックスし、粗相するのを防ぐことができる。粗相したとしたら、それは大概は病気だったり、あるいは何かに混乱したためだ。そうした問題への対処の仕方は第7章で詳しく説明する。

猫と仲良くなるコツ

・正面から顔と顔を向きあわせ、体をこすりつけたりなでたりして匂いを交換しあう。
・緊張している猫には、リラックスするまで手を見せない。
・猫は短い名前のほうが早く覚える。自分が話しかけられているのだということが猫にわかるように、いつも決まったトーンで名前を呼ぼう。
・猫にとっては触られることが重要なので、触れあう時間をたっぷりとろう。
・子猫が小さいうちからグルーミングに慣れさせて、それが戦いにならないようにしよう。
・餌は冷蔵庫から出してすぐに与えず、室温になってから与えよう。
・暖かくて安全な寝床を作ってやろう。
・猫と親しくなる過程では、餌をやる回数を多くして絆を強めよう。
・食べ残した餌は破棄しよう。酸敗した脂の匂いを猫は非常に嫌がる。
・猫はベジタリアンにはなれない。
・猫用トイレは猫が安心できる場所に置き、あなたの猫が気に入る猫砂を探そう。

4 猫との関係

ここまでは、私たちが猫の行動や好みに関してもっている知識を使って猫とコミュニケーションをとり、猫のご機嫌をとる方法について見てきた。だが、猫との関係から何かを得たいと思っているのは私たちも同じだ。私たちは猫に何を求めているのだろうか？ そして、猫から戻ってくるものに私たちも満足するためには、どうしたらいいのだろうか？

猫は今では人間の最良の友だといえるだろう――いや、もしかすると、「女性の最良の友」というべきかもしれない。猫を飼っているのはおそらく男性より女性のほうが多いからだ（ただし、これも変化しつつあるが）。現在では、イギリスで飼われるペットは犬より猫のほうが多く、犬が七〇〇万匹であるのに対して猫は八〇〇万匹近い。家庭の数でいうと、それでもまだ犬を飼っている家のほうが多い。これは、二匹以上猫を飼う可能性のほうが、二匹以上の犬を飼う可能性よりずっと高いからだ。仲が悪くなければ、猫を二匹飼うのは一匹飼う以上に手がかかったりはしない。だが犬の場合は一般的にそうはいかない――サイズも大きいし、散歩に連れていくときにはコントロールが必要だし、騒音や汚れなど、犬を二匹飼うのは一匹飼うよりもずっと大変であることが多いのだ。猫と暮らしたことがない、猫愛好家でない人たちは、この、人の命令に従うことさえしない、超然とした独立独歩の生き物が、なぜこれほど多くの人の心をつかみ、飼われるようになったのか、と尋ねるかもしれない。実際、私たち猫愛好家は極端な人が多いように思う。猫がまあまあ好き、という人はあまりいない――猫を「愛している」か「大嫌い」かのどちらかなのだ。猫を飼っている人の五割以上はベッドで猫と一緒に眠り、誕生日やクリスマスにプレゼントを買ってやる人も多い。もっとも、そういうプレゼントをもらえる幸運が猫にとって何を意味するかはわからないが。猫を怖がる人もなかにはいて、そういう猫恐怖症の人にとっては、部屋の中に猫がいるだけで、クモやヘビを怖がる人と同じような恐怖を感じる場合もある。恐怖症というものはみなそうだが、その理由は論理的ではなく、説明しようがない。ある人は愛し、またある人は嫌悪する、その言い表しようのない性質とは、どんなものなのだろう?　いったい猫はどうやって、私たち人間の生活にこれほど密接に入りこんだのだろうか?

猫の適応性

もともとは、猫が人間と関係をもつようになったのはおそらく古代エジプトで、穀物やその他の食料の倉庫の周りで害獣を退治するのに役立つからだった。だが現在では、ネズミを捕まえるというのは、ほとんどの人が、ペットの猫に一番期待していない、どころか、しないでもらいたいことだ。実際、私たちが猫にまず期待するのは、一緒にいてくれることだけだ。猫はかつて一度も犬のように、人間のニーズのために——たとえば人間と一緒に羊の群れを追うとか、猟で鳥を飛び立たせるとか、見張り番の役を果たすとか——利用されたことがない。選抜育種によってさまざまな色や毛のタイプの純血種が作られはしたが、猫を飼っている人の多くは今も「普通の猫」を飼っている。

では猫はどうやって、自らを変えることなしに、飼われている数で犬を上回るようになったのだろうか？　犬も猫も、根本的には何千年も前から変わっていない。犬は、その遺伝子のいくつかには人間が手を加えたものの、今でも八五パーセントはオオカミだし、猫は、最新の説によれば、遺伝子学上はアフリカヤマネコと変わらない——猫はただ単に、世界中、人間が連れていった先々で、その環境に自分を適応させただけなのである。劇的に変化したのは、人間の社会と私たちの働き方、暮らし方のほうだ。猫も犬も、人間社会のさまざまな変化に合わせなければならなかった。今までのところ、猫と犬の両方ともが人間とこれほどうまくやっていけているのは、彼らの柔軟性によるものである。だが私たちの社会はますます都市化し、彼らには対応が難しくなっている。私たち自身の役割、特に女性の役割は、仕事の選択肢が増えたという意味で幅が広がったし、多額の住宅ローンを払うために働く必要性によって変化を余儀なくされた。そしてこのことは、昔ながらの、子どもや犬や猫と家にいる母親、という役割が存在する余地が少なくなったということを意味する。女性も男性も、家族のために家にいる人は多いのだが、それはほんの数年間であることが多く、ペットの一生涯にわたってそうする人は少ない。小さい子どもは託児所に預けられて仕事帰りの親が連れて帰る。ペットの動物たちは家で独りで過ごさなければならない。

過去一世紀、人々は田舎から出てきて、仕事が集中している都会や郊外に住むようになった。イギリスの場合、郊外にはそれでも公園や草地があって比較的緑が多いものの、今では八〇パーセント以上の人が都市部とその近郊に住んでいる。もっと田園的な暮らしを人々が欲していないということではない。ただ、人口が多いところのほうが仕事を得る機会が多く、そういうところにはもちろん、レジャー施設も学校も公共交通機関も多いというだけのことだ。

私たちは徐々に、フレックスタイム制や在宅勤務制に移行している（そのためのテクノロジーはすごいスピードで発達している）が、ほとんどの人が毎日の通勤から解放されるのはまだまだ先のことだろう。犬も猫も、触れあいとくつろぎを与えてくれるだけでなく、私たちが夢に見る自然と私たちをつないでくれる存在なのだ。

農場や、大きな庭があって野原が近くにある田舎の家は犬を飼うには理想的だが、都会や都市近郊でも、運動できる場所に定期的に連れていってもらって幸せに暮らす犬は多い。しかし、人口密度が高まり、散歩に連れていける場所が少なくなればなるほど、犬が運動する場所や、さらに基本的な排泄場所を見つけてやるために、飼い主は苦労することになる。猫は猫用ドアから出入りできるし猫用トイレで排泄できるが、犬は飼い主が外に出してやらなければならないので、放っておける時間には限界がある。

犬は基本的に集団生活する動物で、他の犬、あるいはその代わりとして受け入れられる人間といることを楽しむし、必要とする。独りぼっちでいるのを嫌がる犬が多く、不安に耐えられなくなると、ものを齧ったり、吠えたり、遠吠えしたりして、飼い主や近所の人を困らせる。猫は、他の猫とも交流するし、それを楽しみもするが、犬よりも単独行動する生き物である。分離不安症〔訳注：独りになると強い不安を感じ、それが原因で問題行動を起こすこと〕になることはめったにない。ただし東洋種は時として犬に似ているところがあり、なついている飼い主に独りぼっちで置いていかれると苦痛を感じるようだ。つまり、朝早くから遅い時間まで仕事があって一日中家に誰もいない環境では、ペットとしては犬よりも猫を飼うほうが都合がいい。

もう一つ、現代は犬を飼うことに優しいとはいえない時代だということも言っておかねばならない。大型犬や獰猛そうに見える犬を飼っている人はおそらく、近所の公園を散歩させているときに人々が自分の飼い犬を見る目つきの中に、怖い、という気持ちが表れているのに気づいているだろう。犬に咬まれたとか怪我をしたということが報じられたりすると、犬の飼い主は、たとえ飼い犬が人なつこい犬でも、ますます気をつけなければならない。少々気性の荒い犬を飼っている人は、特に人口密度の高い地域ではかなり注意が必要だ。イギリスでは、犬に口輪をする飼い主も多いし、そうすることが法律で定められていて、何か事故が起きれば裁判沙汰になる危険性もある。ペットの飼い主は飼い犬の行動に法的な責任を負っているため、犬を飼っている人の多くは、獣医にかかる費用を支払うための保険の他に、飼い犬が引き起こした怪我や事故をカバーする保険に加入しなければならない。公園や歩道で犬が排泄すれば衛生問題にもなり、特に子どもたちが遊ぶところでは問題だ。猫も近所の家の庭をトイレ代わりに使うことはあるかもしれないが、自分の排泄物を覆い隠すので、普通は叱られないのである。

猫は――少なくともイギリスでは――人の家に不法侵入したと言われることもないし、事故の原因になったと責められることもない。ただし、たとえば自分の猫が攻撃的だと知りながら外に出すというような不注意な飼い主は、猫が人に怪我を負わせた法的責任を問われることがある。だがこれは実際には、証明することが非常に難しい。猫と私たちの関係はリスクが低いのだ――私たちが行動面で猫に要求しなければならないことはほとんどない一方、猫から受け取る精神的な見返りは非常に大きい。

犬もさまざまなタイプの家庭で暮らすことができるが、猫はさらに順応性が高く、人間の住処の近くの野良猫コミュニティーで、人間とは最低限の接触、あるいはまったく接触なしに暮らすこともできるし、それとは正反対にマンションの一〇階の部屋で完全な家猫として暮らすこともできる。つまり、さまざまなプレッシャーや規則があり、スペースが限られた現代人の暮らしにおいては、猫こそがあらゆる場面に適し、都会のマンションから田舎のお屋敷まで、幅広いライフスタイルにふさわしいのである。

人間は猫に何を求めるのか？

調査で、なぜ猫を飼うのかと質問すると、こんな回答が返ってくる――「話し相手になる、清潔である、愛情、猫の姿と性格の完璧さ、そして猫は飼うのが簡単で都合がいい」。犬を飼う人もやはり話し相手になるということを挙げ、そして、家や自分の身を番犬として守ってくれる、とつけ加える。その背後には、たとえば大型で強面のロットワイラーや、美しくて優雅で高価そうなアフガン・ハウンドを飼っている場合のように、ステータス感や自分のエゴを満足させてくれる、という理由があることは認めないかもしれない。猫を飼う理由はもっとずっと個人的なものだ。被毛が豪華だったり、代々の血統を引き継いでいたりといった理由で、ステータスシンボルとして飼われる猫もいなくはないが、血統書つきであろうがなかろうが、長毛種だろうが短毛種だろうが、猫はみな同じように愛され、個々の猫の性格には大きな違いがあっても、猫が愛される理由はほぼ共通だ。トイ・プードルの飼い主には、マスティフを飼いたがる人の気持ちがわからない（その逆も然《しか》り）かもしれないが、猫を飼う人たちは、猫という種そのものの魅力を理解しているのだ――猫の容姿、大きさ、毛の長さとは無関係に。

猫と飼い主の性格には無数の組みあわせがあって、一つとして同じものはない。そして、犬のようにふるまう猫の逸話――飼い主と一緒に列車や車で国中を旅行するとか、火事から家人を救ったとか――にも事欠くことはないが、ほとんどの場合、猫と飼い主の関係には共通点がある。私たちはさまざまな視点から猫を見るし、さまざまな形で猫との関係を楽しむが、猫との関係がどれくらい強いものであるかは、多くの場合、私たちの生活にどれほど猫が「必要」かということによる。

ファミリーキャット

人間の家族と暮らす猫は多い。はじめは飼い主は一人だったかもしれないが、今や猫の平均寿命は一二年であり、二〇年以上生きる猫も多いので、そのうち飼い主に配偶者ができたり、子ども、犬、ポニー、ウサギ、ハムスター、金魚などが家族に加わることも多いし、三五パーセントの家庭では別の猫が増える。子どもたちが小さいうちはたいてい誰かが家にいて、猫は自由に動きまわり、子どもが何でもかんでも突っつきたい年頃だったり、猫のほうが偉いということを子犬がまだ学習していない間は、高いところに安全な隙間を見つける。猫は気ままに動きまわり、その行動はかなり自立している。猫の行動に逐一気づく、あるいは猫の一声一声に注意を払える人はいないから、猫はその状況を甘んじて受け入れるか、あるいは避けるようになる。

子どもたちのほうも、猫との付き合い方を学び、猫の世話をし、餌をやったりグルーミングをしたりする日々の作業を受けもとうとする。誰も自分のことをわかってくれないと感じたり家族に冷たくされたりして、家出を企んでいる子どもにとっては、猫が唯一の味方かもしれない。ただし、猫をバックパックに詰めるのは思った以上に難しくて、それが家出をやめて問題と向きあう理由になったりもする。たいていの場合、猫と抱きあってリラックスし、悩みを猫に打ち明けるだけで、子どもは気持ちがすっきりし、まもなくすべては元通りになるものだ。近頃の子どもは、子ども同士、あるいは近所の動物とさえ、触れあう機会が減っている。身の安全を気にすれば無理もない。アイルランドの小さな町で育った子どもの一人として、私は今でも、町をうろつく犬たちが、毎日のように家の前を通りすぎていったのを鮮やかに覚えている——犬たちはちょっと家に立ち寄ってビスケットをもらい、子どもたちとしばらく遊んで、それから徘徊を続けたものだ。猫もまた、家から家へと歩きまわった。暖炉の石炭を入れておく箱の中で猫が子どもを産むのはエキサイティングなことではあったけれど、決して珍しいことではなかった。もちろん、その頃は野良犬も野良猫も今より多かったたし、たくさんの子猫が事故や病気で死んだものだった――つらいことだけれど、それを見て私たち子どもは死について学んだのだ。それにその頃は今よりも、そんなふうに動物たちが自由にふるまえるスペースがあった。それは現代の、人がひしめく都会に暮らすのとはまったく状況が違う。少なくともイギリスではそうだ。だが、野良犬の管理が厳しくなったとはいえ、アイルランドでは今も、あまり変わっていないところもおそらく多いのだろう。

ケンブリッジ大学で行われた、ペットを飼っている子どもたちと飼っていない子どもたちを比較したある研究によれば、家でペットを飼っている子どものほうが両親との関係がうまくいっており、家庭環境もより幸福だった。調査の結果は、ペットが多ければ多いほど家族がうまくいっていたのだ。これはおそらく、ペットがいることで、子どもに楽しい思いをさせる責任を担うのが親だけではなくなり、あらゆることに両親を巻きこもうと子どもたちが競いあうことが減ったり、人間であれ動物であれ、愛情をねだる相手が増えたりするからなのかもしれない。ペットはまた、共通したコミュニケーション相手ができることで、兄弟姉妹間のライバル意識を減らしもする。

都会の猫

小さな町に住んでいると、自分の家の近所まで来ただけで「我が家」に戻った気がする――そこに住む人たちは、あなたが知っているコミュニティーの一部だからだ。だが現代の都会生活では、多くの人が、隣の家、あるいは同じマンションの上階や下階に誰が住んでいるのかさえ知らず、「我が家」は小さな一軒家やマンションの一室と、その中にあるものだけに限られる。都市、あるいはその近郊に住んでいる子どものいないカップルは、二人とも一日中仕事で出かけていることが多く、先に帰宅するほうが、静かでよそよそしい家の鍵を開け、リラックスするためには再びそこが我が家と感じられるようにしなくてはならない。自分と同様に家路を急ぐ何千人もの人々と一緒に電車や地下鉄に揺られたり、ラッシュアワーの交通渋滞のただなかを必死で運転したり、苦しい思いをして仕事から帰ったら、その日一日のストレスや緊張をほぐすことが必要だ。

猫がその真価を発揮するのはこういうときで、こういうときこそ猫が私たちの役に立つ。あの小さな毛の塊の中に、完璧なセラピストが潜んでいるのである。ソファの上でクッションに囲まれて丸まっているだけで、猫は満足感と完全なまでのくつろぎを体現している。一言ニャーオと鳴いて猫があなたを迎えてくれさえすれば、あなたの緊張はほぐれ、あなたはたちまち「我が家にいる、家族がいる」という感覚に包まれる。そのマンションの一室に住んでいるのが単身者の場合——単身家庭は年々急激に増加している——、猫は、友としての存在感、知性、世話のしやすさのため、いっそう評価され、大切にされる。また猫といると、自然とのつながりを感じ、人生において根本的に大切なもの、素朴な喜びを忘れずにいることができる。何かを大切に思い、何の疑問ももたずに相手と交わり、自分の気持ちを表現し、お返しに愛されたい、という欲求を、猫は満足させてくれる。そういう欲求がある人にとって猫を飼いたいという「ニーズ」は強く、猫を飼う人が急増しているのだ。だが飼われる猫は非常に順応性が高くなければならない——飼い主は、朝と夜、家にいるときには猫をかまいたがり、猫にもかまってもらいたがるが、それ以外は、猫は一日中留守番なのである。

田舎では、平均的な猫の密度は二万五〇〇〇〜三万坪に一匹だ。これがロンドンその他の大都会では、二四坪に一匹にまで増えることがある。なんと密度は一〇〇〇倍になるのである。「孤独な」ハンターである猫が、庭を横切る途中でたくさんの猫に出くわす可能性が高い。また、近所に新しく越してきた猫は、スペース不足と、知り合いにならなければいけない猫が多いのとで、自分の居場所を確保するのに苦労するかもしれない。猫密度が高まるのと同時に、人間も、犬も、交通量も増えるという危険がついてくる。そしてこのことが、都会の人の多くが大切な猫を完全な家猫として飼う理由である。

完全な家猫

いっさい外に出ない家猫は、猫の一番の特権を行使できない——つまり、現在の状態に満足できなければそこを去って別のところに移動する、という自由だ。だから家猫は、勝手気ままに行動できる猫と比べて、人間の期待通りにふるまう必要度がずっと高い。飼い主と至近距離で暮らしているので、家猫のすることはすべて飼い主が見ているし、猫の習慣や好みは注意深く観察されている。猫はその日一日、あるいはその一週間の行動を、飼い主に合わせることを学ばなければならない——なんとなれば、飼い主が家にいなければ何も起こらないのだ。飼い主は自分が猫の生活にどれほど大きな影響力をもっているかということに、そしてそういう支配力に伴う責任を認識するべきだ。

スイスで、猫の行動および猫と人間の関係について多数の調査を行ったデニス・ターナー博士によれば、完全な家猫を飼っている人は、猫が自立した生き物であるということを認めたがらなかった。自分のライフスタイルや、飼い主の家族、または一緒に暮らしている家猫との関係は、猫自身が決めているのだと考えることを否定する傾向にあったのだ。その一方で家猫の飼い主は、たとえば家具をひっかくなど、好ましくない猫の行動についてはより寛容だった。

だが、ペットの問題行動セラピストのところに連れてこられるのは、自由に行動できる猫よりも家猫のほうが不釣りあいに多い。これは、家の中に閉じこめられた猫は、猫がとる行動のすべてを家の中でしなければならないのに対し、家を自由に出入りできる猫は一日の一部分を外で過ごし、その間は「屋外で狩りをしたり縄張りを見回ったりする猫」を演じられるからだ。そういう行動は気力と集中力を必要とし、猫は精神的にも肉体的にもエネルギーを解放して、本能的な行動に立ち返ることができる。家猫にする猫を選ぶときには猫の種類も重要な要素になるだろう——シャムやバーミーズのように、活発で、飼い主にべったりなつく猫は、小さなマンションの一室で一匹飼いをするのに最適とはいえない。もっとおとなしくてのんびりとした猫種か、普通の雑種猫のほうがそれにはふさわしく、独りぼっちでいても大丈夫かもしれない。ありふれた言い方だが、「持ったことのないものはなくても寂しくない」というわけだ。

それと同じ理由で、家猫には、楽しいこと、猫が興味をもって調べられる新しい物をたくさん与えて、退屈するのを防ぎ、その高度に発達した狩猟本能や好奇心を発揮させてやる必要がある。子猫は一匹ではなく二匹飼えば、お互いを楽しませあえるし、飼い主を喜ばせる責任も分かちあえる。家猫が幸せで満足した状態を保つにはもちろんそれだけでは十分ではないが、二匹飼うことの利点はたしかに考慮する価値がある。

猫の立場になって考えてみよう。寝室が二つのマンションがあなたの全世界だと想像するのだ。絵の位置や椅子の置き方がほんの少し変わっても、あなたはそれに気がつくだろう。猫はマンションの特徴を、物と匂いの両方で熟知している。敏感な猫なら、新しいカーペットを敷くといった変化や、飼い主が靴につけて帰ってきたなじみのない匂いさえ、とても不快に感じることがある。新しいおもちゃを次から次へと与えたり、初めての客人を連れてきたりして猫の興味を保ち、変化に対応できるようにすれば、周りの環境に些細な、重要でない変化が起きたときに、神経過敏になったり過剰反応したりするのを防ぐ助けになる。

猫のふるまいに何か問題や変化があると、飼い主はたちまちそれに気づき、自分のせいだと考える——その原因が、何か自分がしたこと、あるいは自分が猫にしてやらなかったことにあると思いこむのだ。たしかに、問題の中には深刻なもの——たとえばワンルームマンションでトイレの習慣が崩れたり——もある。また、猫が飼い主にべったりになり、時にはべったりになりすぎて、飼い主が留守にするのをひどく嫌がるようになったりもする。

猫はそのときそのときを生きる動物で、平日は仕事で遊ぶのは週末、といった認識はもともともちあわせないが、飼い主が家にいるときには自分の日常的な行動を変化させる。飼い主が週末に家猫を田舎の別荘に連れていき、外に出してやったりすると、家猫にとって事態はますます複雑になる（二日間の楽しみのために五日間の我慢!)。猫は、たとえそれまで外に出たことがなくても、それが問題になることはほとんどない。仮に七、八歳になるまで外の世界を知らなかったとしても、驚くほど上手に順応し、アヒルが池に放たれたように嬉々として出かけていく。

ただし問題は、その猫が再び家猫として、外の世界の楽しさや興奮する出来事から隔てられた、以前のような生活に戻ることを求められる平日の間である。家から出してもらえないかと思えば次の瞬間外に出ることを許されて、野生の、本能的な性格に逆戻りする。そういうことにうまく対応できる猫もいるし、できない猫もいるかもしれない。そんなふうに週末だけ田舎で過ごすある猫は、過剰にグルーミングをするようになり、前足を舐め、皮膚が破けるまで毛を引き抜き続けた――これは自傷と呼ばれる症状で、複雑な原因と意味がつきもののストレスによって引き起こされる。猫の飼い主は、猫を田舎に連れていくというのはものすごいご褒美のつもりに違いないが、そのことが、それ以外の猫の日常にどれほどの欲求不満と疑念を生むかが理解できなかったのだ。

だが普通は、おもちゃや新しいゲームがおもしろくて、遊んでもらってエネルギーを発散させることができていれば(猫仲間がいればその大部分は達せられる)、猫は家の外に出られなくてもその状況をごく満足げに受け入れる。私たちの居間にいるその虎は、何とも見事に適応したものだ。

女性と猫――猫は子どもの代わりか?

猫を誰よりも情熱的に愛するのは、しばしば女性である。猫を飼っている男性も多いが、おそらくは女性ほど、自分のペットに対して「オーバーな」（そう言う人もいるのである！）情熱を注がない。このことは、男性というのは女性よりも集団意識――あるいは集団狩猟意識――が（犬のように）強く、猫のように単独で狩りをする動物にはさほど共感しないのだ、と考えるとある程度説明がつく。だが、こんなふうに単純化するのは、猫を愛する多くの男性にとっては侮辱だろう。女性は男性に比べて、猫を可愛がり、世話を焼き、面倒を見るのに多くの時間を割く傾向があるので、猫からの反応も男性より女性のほうが多く受け取るのかもしれない。トイレの掃除をしたり餌をやったりするのは女性であることが多いので、猫の生活のあらゆる面についてよりよく知ることになるのも女性なのだ。

猫が子ども代わりであるというイメージは今に始まったことではないし、そういわれる一般的な理由は、猫を飼う女性が多いことと、猫に対する反応だ。猫の目が顔のわりに大きいことが、赤ん坊のような愛くるしさの理由の一つであることはすでにお話しした。このことと、猫が人間に抱かれるのが好きなこととが相まって、猫はますます赤ん坊に似るのである。猫は赤ん坊になぞらえられることが多いが、そうするのはたいてい、二〇～五五歳くらいの仕事をもつ女性よりも、若い女の子か年長の女性だ。子どもの代わりである猫も当然いるだろうが、それは通常、年長で裕福だが孤独で、ペットに多大な愛情と注意を注ぐ女性たちの場合だ――だがそれのどこが悪いだろう？　何かに愛情を注ぐ、ということで自尊心も生まれるし、猫を飼う人のほとんどにとって、猫はまさにその必要性を満たしてくれるのだ――誰かの世話をしたいという欲求、そして必要とされることの必要性を。

セラピーとしての猫

場合によっては、誰かに必要とされる、ということがその人の生きる支えになっていることがある。体の具合が悪い、外は危なくて怖い、といった理由で外出できないお年寄りは、猫だけが話し相手であったりもする。愛情と友情のみならず、猫はそういう楽しみの少ないお年寄りに、生きる目的を与えるのだ。猫が自分の意志でその人の膝に座り、喉をゴロゴロ鳴らすとか、呼んだら来るとか、こちらの言うことに「返事」をする、それだけで、私たちと猫は、愛と存在価値を共有できるのである。猫をなでるとストレスが軽減し、血圧が下がって、幸福感がもたらされることが知られている。事実、先見の明のある老人養護施設では、猫をなでさせることによって、入居者をリラックスさせ、睡眠薬の量を減らせることがわかったのだ。

また、老人や精神障害者が暮らす施設の多くで、猫や犬が訪ねてくると入居者の自尊心に驚くような改善が見られたという例がある。まさにそれを目的とした計画が導入され、今では多くの施設が猫を飼っており、暖かさに包まれて猫は大いに幸せそうだ——老人のために施設の気温を高めに設定してある、というだけでなく、入居者の愛と、猫を待っている、乗りきれないくらいたくさんの膝があるからだ。施設に入れられてから自分の中にこもってしまった人が、猫を会話の媒介とした治療を何年も続けてようやく初めて口をきいた、という逸話はたくさんある。そしてこうした猫の多くはまた、治療者としての役割を立派に果たし、注目を、そして少々の愛を必要としているのは誰かがわかるのだ——これもまた例の第六感だろうか?

古きよき農家の猫

今でも、古きよき農家の猫というのが多少はいるもので、離れや納屋に代々棲みつき、ネズミの類《たぐ》いを——毒で殺されたり罠にかかったりしなかったネズミを——食べて暮らしている。手で牛の乳を搾りながらわざと地面の窪みに少々牛乳をこぼし、猫が舐められるようにした乳搾りの娘の昔話が残っているが、今では猫がそういうタダ飯にありつける可能性はまずない。現代的な搾乳場はうるさくて猫は近づきたがらないし、床に牛乳がこぼれていることもめったにない。場内は搾乳するそばから消毒され、乳牛はすごいスピードで搾乳されるので、体が小さい猫がウロウロするのに安全な場所ですらない。農場の猫や野良猫の一群が農場の周りに集まることもあるが、猫自身が害獣として管理されることも多く、気に入られたほんの数匹だけが農家の家の中に入ることを許されてペットして餌をもらう——何百年も前からそうだったように。

野良猫

野良猫というのは、もともと飼い猫だったのが野生化した猫、あるいはその子孫で、直接人間の世話にならず人間の家から離れて暮らしている猫のことだ。スコットランドヤマネコのような本当の野生種のことではない。捨てられたり迷子になったりした猫や、その子孫が野生化したものが多い。野良猫はよく、数匹から数百匹の共同体をつくり、食べ物の供給源や眠るところを中心に集まって暮らす。造船所、ホテル、工場や病院の敷地などによく見られる。彼らは獲物を狩り、ゴミを漁り、たいていは生きていくのに十分な残り物を見つける。ただし、定期的に食べ物をくれる人間に助けられることも多い。こうやって餌を与える人というのは大概が熱心な猫愛好家で、一日に一度か二度、袋やカートに詰めた食べ物を持って猫の共同体のところに出向き、「自分の」猫たちに熱狂的に迎えられる。餌をやる人と猫の間にはとても親密な関係があることがあり、猫は進んでなでてもらい、抱かれるのさえかまわない。もっとも、餌を置いて人間が立ち去るまでは近づかない場合もあるが。

猫には餌をくれる人が必要であることは確かだし、その猫が規則的に餌を食べることに慣れている場合はなおさらだ。だが、餌をやる側のニーズと動機はもっと複雑である。そういう人の多くは年配のご婦人方で、わずかな年金をなんとかやりくりして「自分の」猫たちの食べ物を買う。彼女たちは誰かに頼られることが必要で、強い責任感を行使するのを楽しんでいるのだという事実を考えると、その行動にも納得がいく。猫がそういう人にだけ見せる愛のこもった歓迎と反応、餌をやる人にだけ（ほとんどの人からは逃げていく）猫の姿を見る機会があるという事実は、それほどの大変な努力に対する素晴らしい見返りなのである。

猫は私たちをどんなふうに見ているのか？

見てきたように、私たちが猫を飼う理由はいろいろある。しかし、猫は私たちをどんなふうに見ているのだろうか、そして猫は、私たちが猫にさまざまなことを求めるように、人間にさまざまなことを要求しているのだろうか?

私たちと一緒にいるとき、猫はたいてい「家猫」モードである。安全な家の中で、猫はリラックスしている。その気にならなければ、食べるために獲物を捕らえる必要もない。暖かさと居心地のよさ、人間との交流、そして食べ物を、子猫だったときに母猫からそれらを受け取ったのと同じように受け取って満足している。私たちと一緒にいるとき、猫はこれまでで一番社交的だった時期を再現している――子猫時代だ。彼らは、自分のほうを見ろと要求し、餌をくれと鳴き、そういう努力は報われることのほうが多い。そこでお返しに喉をゴロゴロ言わせ、そのおかげでますます可愛がられる――猫にとっても飼い主にとってもポジティブな反応だ。私たち人間は、母猫が乳を吸う子猫を包みこむように丸まるのと同じように、猫を膝に抱えてあやし、猫はあまりの嬉しさに、母猫の乳の出をよくしたときと同じように前足でニーディングすることもしばしばだし、よだれを垂らしながら私たちの皮膚や洋服に吸いつくことさえある。紐を動かして猫を遊ばせるとき、私たちは、子猫が遊ぶのにちょうどいいくらいの怪我をした獲物を持ち帰って狩りの腕を磨かせた母猫の役割をまねしているのだ。

もちろん、猫と人間の関係を子猫と母猫の関係のみで説明しようとするのは単純すぎる。より正確な言い方をすれば、私たちと猫との関係は、猫にリラックスしていいのだという安心感を与え、そうでもしなければ私たちがめったに目にすることのない行動――つまり猫が母猫にだけ、そしてほんのときたま、心から安心できる他の猫に対してだけ見せるふるまい――をとらせるのである。私たちとの関係において、猫は誰とも競争しなくてよい。猫は私たちを別の猫として見ているわけではなく、私たちは猫にとって、彼らを守り、食べ物をくれる存在なのである。仲のよい猫同士は、ずいぶん年をとっても一緒に遊ぶ。ただしその遊び方は、追いかけっこだったり取っ組みあいだったりすることが多い。グルーミングしあっているときでさえ、(よく観察すると)ある程度のコントロールがはたらいており、誰が誰をグルーミングしているか、ということが猫のステータスという観点からいって重要なのだ。通常は、より強いほうの猫がグルーミングをする――もう一方の猫がそれをさせるということは、その猫がちょっと妥協してこの親密なコミュニケーションを許している、という意味なのだ。だが私たちといるときには、競争する必要はめったになく、猫はリラックスして無防備になるのである。猫はまた人間に対し、交尾の相手にするような反応を見せる――あの特徴的な、お尻を空中高く突き上げた格好は、性的な歓迎を示す反応なのである。子猫時代をとうに過ぎても、猫は生涯グルーミングを楽しむ。そして、仲のよい猫同士のグルーミングや、人間と飼い猫の間のグルーミングは、もちろんとてもいい気持ちだ。ただし、人間の目から見て最も魅力的かつ嬉しい猫のふるまいは、ニーディングをしたり喉を鳴らしたりという、母猫にしか見せなかった子猫のときのふるまいの再現だ。

猫とくつろぐコツ

猫がどんなときに嬉しくなるかがわかったが、ではそのことをどう使えば、肩の力を抜いて猫と付き合い、その関係を双方にとって楽しいものにできるのだろうか?

・猫がかまってくれと要求したら、その要求に応えて猫を満足させてやろう。
・短時間、頻繁に猫の相手をすると、互いに相手に対する興味を新鮮なままに保てる。
・丸一日、懸命に働いたあと、リラックスするのに猫を利用しよう。猫をなでると心拍数と血圧が下がることがわかっている。
・心配事は猫に話し、秘密を打ち明けよう――猫は決して秘密を漏らさないし、あなたの気分にも敏感だ。
・猫を愛情こめて抱き、その平和な気分を楽しもう。
・ときどき特別なおやつをあげて、猫の反応を楽しもう。
・あなたの猫がもっている野性を受け入れ、尊重しよう。それは自然という感覚を味わわせてくれるし、戸外での猫の行動を見ていると、都会でさえ、猫が暮らすエキサイティングな世界を垣間見ることができる。

・完全に室内で暮らす猫は、猫としての全行動を部屋の中で完結するために、刺激、遊び、そしてたっぷり注目を浴びる必要があることを忘れずに。猫の性格の何から何までを目にし、そのはけ口を用意してやれる特権があるのは嬉しいことだ。

・近所のお年寄りを招待しよう。あなたの猫はあなたをいい気持ちにしてくれるのだから、おそらく隣人を喜ばせることもできる。

5 猫の性格

猫を飼っている人はみな、自分の猫はとても個性が強く、「変わって」いて、好き嫌いも習慣も癖も他の猫と違う、と言う。もしもすべての猫の見た目が同じだったとして、あなたはどれが自分の猫かをその行動を見ただけで当てられるだろうか？　猫のふるまいは、その猫特有の性格と行動スタイルを表している。私たちはペットと非常に近いところで生活しているので、そのふるまいの機微を識別することができる。人間が猫を家で飼い、餌を与えるようになったことで、猫は、狩りがうまくなくてはいけないというプレッシャーから解放され、そのことが、それ以外の特徴的な行動をより十分に発達させることになったのかもしれない。

猫を飼っている人と話していると、非常にはっきりと異なった、多種多様な猫の性格が浮き彫りになるが、いったい何が猫の性格を決めるのだろう？　もちろん、私たちはまだ、人間に関してこれと同じ質問の答えを探しているところで、「生まれか育ちか」という議論の根本はここにある。幼少時に置かれていた環境が猫の性格にどれくらい影響するのか、どんな特徴が両親や祖先から遺伝的に引き継いだものなのか、だがそれもまた猫の経験によって変化することがあるのか？　猫が臆病なのは、両親が臆病だったからなのか、それとも「不幸な子猫時代」を送ったせいなのか？　あなたの猫はどれくらい大胆で、獲物を捕るのがどれくらいうまくて、何よりも、どれくらい人なつこいだろうか――こうした猫の性格に影響を与える要因はたくさんある。

遺伝

親猫の「人なつこさ」は、子猫がどれくらい人なつこいかに影響を及ぼすのだろうか？　この件について行われた数少ない研究の結果、科学者たちは、父猫が人なつこいと、子猫も人なつこくなるという結論に達している――たとえ子猫が父猫を知らなくても、である。つまりそういう子猫は、人なつこく育つ可能性を受け継いだのであって、父猫を見てそう育ったわけではないのである。また、子猫は母猫を観察し、母猫の反応をまねしながら育つので、母猫が人なつこければそれもまた大事な役割を果たすことは間違いない。餌をもらうために猫にレバーを押させる実験では、母猫がそのテストに無事合格するところを見ていた子猫はやはり無事に餌をもらえたが、母猫を見ていなかった子猫は、自分一人ではどうすればいいかわからなかった。だから、母猫がリラックスし、安心して周りの人間に接していれば、子猫もそれをまねる可能性は高い。もちろん、母猫に関していえば、そこにはいろいろな要素が重なりあっている――人なつこい母猫は、人なつこく育つ傾向のある遺伝子を伝えると同時に、人間が子猫に触れることにも抵抗が少なく、彼女の「人間の」家族に子猫をとけこませるのもうまいはずだ。

親猫、特に母猫が健康であることは、子猫の身体的な成長だけでなく、精神的な発達にも影響を及ぼす。母親に栄養が不足していれば、子猫を全員ちゃんと養育するのが難しいし、社会的な行動の技術を教えるといった、乳をやる以外の母親の努めについてはより消極的で、注意を払わない。母親が栄養不良の子猫は、学ぶことも少ないし時間がかかる。また、他の猫との交流を嫌い、異常なほど臆病だったり攻撃的だったりするし、バランスの取り方など、身体的な能力の発達もお粗末だ。かぎりある母猫の乳を兄弟姉妹たちと奪いあい、乳を吸うのに時間がかかりすぎて、リラックスして遊ぶことを学ぶ時間がなかったのかもしれない。社会的なものでも身体的なものでも、猫があとになって必要とする能力は、早い時期に覚えることが不可欠なのである。

性格

アメリカのある研究者によると、調査した子猫の集団の中には、二つの異なった性格があった。一つは、状況に対して積極的に反応し、興奮しやすい、あるいは神経質な猫。もう一つは、生活一般や問題に対して、もっとずっとのんびりと、おだやかな態度で臨む猫である。ブリーダーの方は、自分の育てている猫種の子猫について独自に調査し、この二つの性格が認められるかどうか調べてみるといいかもしれない。

成猫の性格についても、現在の研究では、はっきりと識別できる二つのタイプがある可能性が指摘されている。一つ目はおそらく私たちのほとんどがペットとして欲しがるタイプで、人間とも他の猫ともたっぷり交流する必要があり、そういうときにリラックスしている。二つ目のタイプは、飼われている家族のうちの一人か二人としか一緒にいたがらない。他の人間との接触はいやいやながら我慢し、他の猫とも親しくならないことが多い。

一つ目のタイプの猫に恵まれ、そういう人なつこい猫が普通と思っている人も多いが、二つ目のタイプの猫と仲良くなれなくてがっかりする人もいる。後者の場合、飼い主が猫の世話を焼こうとすればするほど、猫が自分と一緒にいたがるように頑張れば頑張るほど、猫はもっとよそよそしくなって事態は悪化する。このタイプの猫は、自分からは人間に近づこうとはせず、人間が猫との関係を強固なものにしようとするほど人間を遠ざけようとするのだ。そういう猫を飼っている人なら思い当たるところがおありだろう。そして、自分の飼い猫の冷たさが、自分がしたこと、あるいはしなかったことのせいではないと知ってホッとするのではないだろうか。とはいえ、一度猫を飼ったことはあるが別の猫を飼おうとせず、親密で愛情いっぱいの猫と人の関係があることを耳にしても信じようとしない人がいるのは、この、二つ目のタイプの猫の行動が原因かもしれない。そういう人は猫を、よそよそしく、身勝手で、飼う甲斐がない動物と決めつけるのだ。

この二つの性格が、アメリカで行われた子猫の調査で識別された二つの性格と同じものなのかどうかはまだわからない。いったい何が、これらの成猫が人なつこいかそうでないかを決めたのだろう？　小さいときの経験か、生後数週間の大切な時期に人間との接触がなかったからなのか、それとも彼らは、過剰反応を見せる子猫が大きくなっただけなのか？　明らかに、もっとたくさんの調査が、それも子猫だけを対象とするのではなく、子猫が成長してどういう性格になるか、その過程を観察する調査が必要である。椅子にふんぞり返って「見ればわかるじゃないか」と言うのは簡単だが、研究対象が「猫の普通の行動」である場合、情報を集めるのが非常に難しい。飼い主にアンケートをとれば多分に主観的な答えが返ってくるのが常だし、家の中に客観的な観察者がいれば、猫は普段通りに行動しないことが多い——特にそれが反応の大きいタイプの猫ならなおさらである。だから、人格ならぬ「猫格」についての謎がすべて解明する日は遠いかもしれない。少しずつヒントになることを見つけていき、わかったことを使って猫との関係をよりよいものにしていくしかないのだ。

いずれにしろ、あなたの猫がよそよそしいタイプで、あなたは本当は人なつこいタイプの猫が欲しいのだとしても、それはどうしようもないことだ。あなたの猫を受け入れ、遠くから愛し、畏れ多くもすり寄ってきてくれたら光栄に思うしかない。これでもかと愛情を注ぎ、必死にこちらを向かせようとしても、欲求不満がつのるだけかもしれない——それは結局、猫を遠ざけてしまう結果になるからだ。猫を追いかけるのではなく、猫にとって魅力的な存在にあなたがなることだ。少量の餌をちょくちょく与えて猫があなたに近づきたがるようにしたり、暖かいところ、居心地がいいところに弱いのを利用して、ストーブの前で猫を呼んだりしてみよう（それ以外の暖房はすべて切って、猫があなたの隣に座るようにする）。たまに自分から近づいてきたら、かまってやる時間をもとう——ただし、やりすぎないこと。

一匹目の猫が腹を立てて家出しないことを願いつつ、二匹目の、願わくは人なつこいタイプの猫を飼うのもいいかもしれない。今度は慎重に、人なつこい猫を選ぶようにしよう。

幼猫体験

猫の社交性が最も育まれやすいのは生後最初の二か月間で、その頃の猫は人間も他の動物も自分の仲間として受け入れ、愛情をもって接する。恐れという反応はまだ知らず、他者に対する許容範囲は広い。他の動物種に対する知識を身につけてしまうと、子猫は変化に抵抗し、知的好奇心を失うことが多い。この時期を逃すと、猫は、人間に対しても他の猫に対しても愛想が悪くなる傾向がある。成長してからの猫の人なつこさは、子猫時代にどれくらい人にかまわれたかに確実に関係していることがわかっている。

また、子猫のときにどう扱われたかということは、猫が臆病か大胆かということにも、いやそれどころか、生活に関する態度全般に影響する。猫の行動を観察すると、生後最初の四五日間に始終かまわれて人間に慣れた猫は、そうでなかった猫に比べて、見慣れないものに対する好奇心がより強く、人間にも積極的に近づく。興味深いことに、一匹だけで生まれてきた子猫は、同腹の子猫が多い場合と比べて、慣れない環境に対してあまり緊張せず、人なつこい。生後すぐの大切な時期に兄弟がいなかった埋めあわせをするために、たとえば私たち人間のような、猫以外の動物と交流する努力をするからかもしれない。子猫が猫以外の動物種に反応することを覚えるこの時期を「感受期」［訳注：脳のはたらきが環境や経験によって変わりやすい時期のこと］といい、猫をなつかせるのに一番重要な時期である。生後二週間から七週間の時期に人間にかまわれた猫は、それ以前あるいはそれ以降に人間と接触があった猫と比べ、より人なつこい。

子猫のこうした性格は生涯続き、成猫になってもそのままなのだろうか？　子猫のときに臆病な子は、成長しても臆病なままだろうか？　大胆な子猫は自信たっぷりの猫に成長するだろうか？　答えはすべてイエスのようだ。臆病な猫がストレスに対して見せる反応は、環境的なことと同時に遺伝的な要素がある。そういう猫は、日常的に起きる不安な出来事に対して常に過剰反応し、自分なりに均衡をとってそういう出来事を無視できるようには決してならない。そういう出来事があっても自分に害はないということを経験で知っているはずなのに、である。手をかけてやっても、そういう猫の反応は改善されないようだ。これは、猫には二つのタイプがあるという説とも一致している――興奮しやすい猫のグループは、困難な状況に遭うと過剰に不安になり、動揺を見せるが、比較的のんびりしたタイプの猫はパニックを起こさず、リラックスした態度でことに臨むのである。

つまり、人なつこさの程度を決定づける遺伝的な気質というものはあるが、もちろんそれはそう単純なものではないのである。この項で見たように、本質的に人なつこい性格の猫ならば、生後早い時期に人間と接触したかどうかが、私たちが「いいペット」と考えるような猫――愛想がよくて人によくなつく猫、という意味だが――に育つかどうかを決めるのだ。猫がどんなふうに育つかに長期的な影響を与える経験もある。小さいときにたっぷりかまわれることで、子猫は社会性をもつだけでなく、成長が早まり、臆病さの度合いも低くなる。

自分で子猫を育てることで子猫との「絆」をつくろうという誘惑に駆られることがあるかもしれない。ところが驚いたことに、人間の手で育てられた子猫、あるいは母親から引き離すのが早すぎた子猫は、問題行動を起こすことが多く、あるときはとても人になついていたかと思うと次の瞬間、「母親代わり」の人も含め、人間に対して攻撃的になったりする。また、他の猫を怖がったり、他の猫に対して攻撃的になったり、学習能力が低かったり、母猫に普通に育てられた子猫と比べると身体的な発育が遅かったりもする。

こうした問題行動や欠点が生じるのは、母猫と違って、私たちには子猫に「猫語」を教えてやることも行動の面で乳離れさせてやることもできないし、乳離れと同時に成猫同士のコミュニケーションの仕方を教えてやることもできないからかもしれない。飼い主である人間に対して攻撃的になる理由は説明するのが難しいが、これは子猫が学ぶことに一貫性がないせいかもしれない。母猫の母乳から物理的に引き離しはしたものの、行動面で乳離れさせてやることが私たちにはできないのだ。母猫ならば、子猫に自立することを教え、乳離れ後まもなく子猫から距離を置いたはずだ。子猫たちは、猫として当然の攻撃性や興奮の矛先をどこに向けたらいいか、あるいは自分の四本の脚で立つ術を学ばなかったのだ——そして、自分の弱さに対する反応として攻撃的になるのである。

トラウマとホルモン

他にも、猫のふるまいを変化させ、「普通の」猫の行動と私たちが考えるものから大きく逸脱させる要因が二つある。一つ目は、事故、病気、怪我など、猫の生活に起きる重大な、トラウマとなるような出来事だ。犬に怪我をさせられたことがあれば、猫はすべての犬を怖がるようになるばかりか、それまでは意に介さなかったいろいろなものを怖がるようになるかもしれない。そういう出来事があると、猫は自分の逃走能力に完全に自信をなくし、そのあとに少しでも身の危険を感じることがあると、その状況に過剰反応するようになる。自信は少しずつ戻ってくるかもしれないが、死ぬまで犬は怖いままかもしれない。

病気の猫を集中的に世話することが、猫の性格を変化させることもある。「人になつかなかった」猫が、数週間、集中的に看護されて、とても人なつこい、愛情たっぷりの猫になったという例がある。病気で弱ったために、看護してくれる人間が子を育てる母親のような役割を果たし、猫は子猫のような立場にならざるを得なかったためかもしれない。こうして子猫返りすることで、人間——少なくとも特定の人間一人——との関係を学びなおすことができるのだ。体が弱りすぎて本能的な闘争・逃走反応に従うことができなくなった猫は、人間について自分が恐れていたことは起きず、それどころか、人間は餌と暖かい場所を与えてくれる友達だということを理解する。ひょっとするとそういう猫は基本的に人なつこいタイプで、子猫だった感受期に人間との接触が十分でなかったのかもしれない。病気になって初めて、人間との近しい関係を味わうことができたのだ。

猫にとって「当然」の行動に影響するもう一つの大きな要因が、生殖ホルモンだ。それもまた「当然」のことだと言う人がいるかもしれないが、飼い猫の多くは去勢されていて、人間と猫の関係の中に生殖にまつわる行動は含まれない。もちろんブリーダーは去勢されていない猫を飼っているが、彼らにしても、自宅で飼う猫が未去勢のオス猫であることはめったにない。成猫になると、オスの性ホルモンによって引き起こされる、生来の攻撃性や尿スプレーといった行動が起きるからだ。さらに、去勢されていないオス猫の縄張りは広いことが多く、他の未去勢のオス猫を挑発し、それに続くけんかで怪我をすることもある。ひっかかれたり咬まれたりした傷が膿瘍《のうよう》になるのはオス猫同士のけんかではよくあることで、治療費がかかってしかたない。さらに、鎮痛剤で落ち着かせたり麻酔をかけたりせずに傷口をぬえる猫はほとんどいないので、頻繁に麻酔をかけることのリスクが伴う。

未去勢のオス猫は自分の縄張りに気前よく尿スプレーをするし、その尿は非常にくさい。また、なでたり身繕いをしてやると異常に興奮し、それが攻撃性や好ましからざる性的なマウンティング反応につながることもある。なでている手を、メス猫の首筋であるかのように捕まえようとするかもしれない――しかもそのやり方が乱暴なのである。だからそういう猫を抱いたりプロレスごっこで遊ぼうとするのは、ちょっと危険すぎるかもしれない。

こうした理由から、ほとんどの人はオス猫を去勢する。猫とくっついて過ごしたい人はなおさらだ。早いうちに去勢すると、縄張りをめぐって争う欲求はほとんどなくなるし、尿スプレーをする傾向も低くなる。去勢しても尿スプレーをしないわけではないが、普通は家の外でするし、尿の匂いもそれほどひどくない。去勢はまた、猫と遊んでいるうちに興奮の度がすぎて攻撃的になる危険性も低くするし、猫はより人なつこく、人間によく反応するようになる。おそらくはこれが、一番大きい利点だろう。他にも、去勢したオス猫は他の猫に対してより寛容だし、人間に従順でよく遊んでくれるし、人間の注意をより求めるようになる。縄張りを見回る欲求がなくなったので、遊んだり、人間の相手をする時間が増えたのだ。去勢していないオス猫を飼っても何の問題も起きない人もなかにはいるが、ほとんどの人は、飼い主と猫の関係が悪化したり、猫がけんかしたりうろつきまわることで健康が損なわれる危険を避けたがる。オス猫の去勢は非常に簡単な処置で、数分で終わるし、麻酔から覚めた猫は何ごともなかったかのように生活を続ける。

メス猫の避妊処置は、猫の性格にそれほどの影響を与えないが、発情期のメス猫が活発かつ騒々しく鳴くのを防ぐことができる。メス猫がオス猫の交尾を受け入れる期間中（通常は年に二回あり、一度始まると、数日おきに、猫が妊娠するまで約三週間続く）、メス猫は近所中のオス猫一匹残らずに自分の存在を知らせようとする。大きな声で鳴くのは通常夜間で、シャムなど特におしゃべりな猫を飼っている人は、耳栓をするか、抜群の防音効果のあるところでなければとても眠れない。その声だけで普通飼い主は、自分は本当は子猫を何匹も欲しいわけではなく、避妊手術はよい考えだと思うようになる。オスの去勢手術と同様に、子宮と卵巣の切除手術も麻酔をしてすぐに終わる。傷口は小さくて一針か二針の縫合ですみ、糸は体内で自然に溶けるものの場合もあるし、一週間ほどあとに抜糸が必要な場合もある。

猫がオスでもメスでも、人間との関係にはほとんど差はないように見える。若いうちに生殖器官を取り除くので、そうしなかった場合に見せる極端な行動が発達する機会がないのである。さらに、たとえば犬と比べて、猫ははっきりそれとわかる性差が小さいようだ。犬は生殖器を除去しても、オスとメスで非常にはっきりと異なる特徴を見せるし、飼い主との関係も異なる。だから、家族に子どもがいておおらかな性格の犬を飼いたい人には私はメスを飼うことを勧めるが、猫の場合、去勢してあれば、オスかメスかの選択で迷う要素はほとんど、あるいはまったくないといっていい。

猫種の特徴

遺伝子と性格の関係、つまり、人間や他の猫と仲良くなれるかどうかは遺伝的なものが関係しており、猫の遺伝形質の仕組みについては、科学者がもっときちんと研究しようとしているということはすでにお話しした。だが、特定の遺伝子を選択することでさまざまなタイプの猫が生まれるということが一番わかりやすいのは、猫種によってどれほど容姿が多種多様かを見てみることだ。体の均整の取れ方から、頭の形、被毛の長さと色まで、その違いは明らかである。猫種を維持するには、ある特定の特徴をもつ猫だけを選んで同様の特徴をもつ猫と交配させたり、きちんとコントロールした方法でその種のバリエーションを作ったりする。こうやって選択的な方法で猫を交配させれば、ある特定の行動をとる性格が、身体的特徴とともに次の世代に受け継がれる可能性は高い。

猫種には、もともとは地理的に隔離された地域で自然に発生したものもあれば、原種をかけあわせたり突然変異を新しい種に発達させるなど、人工的に作られたものもある。たとえば、シャムとアンゴラは、他の種の猫とは隔離されたところで発達して現在の形の原型ができたが、人間は選択育種によってそこにさらなる変化を加え、色のバリエーションを増やしたり体形を変えたりした。交雑育種によって生まれた猫種もある――たとえばソマリは、長毛種の遺伝子をアビシニアンに加えたものだ。

メインクーンとノルウェージャンフォレストキャットは、さまざまな経緯でアメリカ東海岸とノルウェーに渡った複数種の猫が自然に混ざったものだ。メインクーンという名前は、初期の入植者が、猫とアライグマが異種交配してできた動物だと思ったためにつけられた名前である［訳注：英名 Maine coon。Maine は最初に入植者が入ったニューイングランド地方の州の一つ。アライグマは英語で racoon］。

自然が世に送り出した突然変異として生まれた一匹か二匹の子猫から発達した猫種もある。たとえば、縮れ毛が少し生えているだけのデボンレックスとコーニッシュレックスというレックス種、無毛のスフィンクス、足の短いマンチカンなどである。毛がないスフィンクスは日常生活にいろいろな問題を抱えているに相違ない――寒さも感じるだろうし、他の猫種は起きている時間のうち、最大三分の一をグルーミングして過ごすというのに、スフィンクスはその間何をすればいいのだろう？　毛がなくてもグルーミングをしたいという欲求はあるのだろうか？　それに、リラックスするためのグルーミングをしたいとき、スフィンクスはどうすればいいのだろう？　皮膚を舐めるのだろうか？　また、ひげがないということは、猫の主要な感覚器官の一つを失ったということだ――なぜならひげは、猫が周囲の状況を「見て」感じるのに役立つからである。ミニチュアの猫を作り出そうと試みた人さえいるが、現在のところそれには成功していない。人間は、単により多くの猫種を作り出すためだけの、必要性のない交配をしていいのだろうか？　新しい体形や色のために猫の健康や幸福を犠牲にしなくても、もう十分な種類の色や性格の猫がいるではないか。

だが、私たちがここで話題にしたいのは、猫種と行動の関係だ。犬の場合と同様に、猫種によってその行動には明確な違いがあるのだろうか？　人間との長いかかわりあいのなかで、犬は、番犬、牧羊犬、狩猟犬、闘犬など、ある特定の仕事をするために交配されてきた。あるいは人間のコンパニオンとして選ばれた、一般的にとても人なつこくて人間好きな性格をもつ犬種もある。もちろん、犬は人間社会に非常に適している。なぜなら人間と犬はよく似た社会構造をもっていて、犬は人間の「群れ」の構図――基本的には序列の最下位――に、通常は苦もなく収まるからだ。ところが猫は単独で狩りをする動物で、集団で暮らすことも可能だが、犬のような厳しい階層制の社会構造をもたない。猫は何千年にもわたって人間とともに暮らしてきたが、普通は自分の決めたルールに従い、特に決まった役割を果たすことを期待されもしなかった。実際、農場に勝手に棲みついて、ときどき牛乳のおこぼれや食べ物の切れ端をもらえればラッキーだった昔の猫は、人間に何らかの理由で選ばれたのだとすれば、それは穀物や貯蔵食料を害獣から守る狩りの腕前のせいだった。自然淘汰という意味でいえば、そういう状況では狩りのうまい母猫が産んだ子猫を欲しがる人が多かった。今日では猫は狩りがうまくなくても生きていけるし、猫を飼っている人のほとんどは、飼い猫が狩りなどしないほうが――あるいは狩りがあまりに下手くそで何も捕まえられないほうが――嬉しいだろう。

猫種に特有の行動については、科学的な研究はいまだほとんど行われていないが、ブリーダーや猫の飼い主は猫の種類による傾向に気づいているし、そのなかにはかなりはっきりしているものもある。忘れてはならないのは、同じ種のなかの個体差が非常に大きく、ある猫種について一般的なことをいっても、その種の猫のうちの一匹が、他の猫とは全然違っている場合もあるということだ。

長毛種（ペルシャなど）を買おうと思っている人は、グルーミングが必須であること、長毛種は概しておとなしく、のんびりしていて、飼い主が毎日世話をするのを嫌がらないことを知っている。では、おとなしさとグルーミングはどちらが先にあったのだろうか？　おそらくは、おとなしい猫だけが子猫をもつことを許されたのである――そうでない猫は、グルーミングされるのを嫌がって毛がくしゃくしゃだったか、あるいはグルーミングしようとした飼い主がコテンパンにやられたのだ。ただし、グルーミングを嫌がるペルシャは今でも珍しくない。

すべての猫種のなかで、行動が最も明らかに異なっているのは、シャム、バーミーズその他の、あらゆる毛色と模様のバリエーションを含む、東洋種の猫だ。シャムは外交的で口数が多く、要求が多く、愛情深く、飼い主によくなつく。シャムを飼っている人のほとんどが同意すると思われる一般的な特徴だ。バーミーズもまた人間といるのが大好きで、とても人なつこく、同時に人間にたっぷりかまわれたがる点でも同様だ。アビシニアンは恥ずかしがり屋で人見知り、ソマリはおっとりして恥ずかしがり屋といわれる。その他のいくつかの猫種について簡単な特徴をご紹介すると――ターキッシュバンは活発、ラグドールは我慢強く、アンゴラは楽しいことが好きで人なつこく、ロシアンブルーは恥ずかしがり屋でもの静か、トンキニーズは愛情たっぷり、レックスはやんちゃ、コラットは気だてが優しく、バリニーズはシャムに似ているがもう少しおとなしい。猫種の特徴を一言二言で要約できるものかどうかは疑わしいが、少なくとも出発点にはなるだろう。

ブリティッシュショートヘアは、雑種のものも含め、毛の色によって性格が違うとされている。奇妙なことに思えるかもしれないが、実はそうでもなくて、毛の色によってはある特定の行動的な特徴と結びついていることが実際にあるようなのである。たとえば赤毛の人や栗毛のウマと聞いただけで、あなたは気性の荒さを思い浮かべるだろう。また赤茶色の猫は概しておとなしく優しい性格とされるが、興奮すると、やはり毛の赤さが関係していると思いたくなる。赤茶猫はメスが一割にすぎず、逆にさび猫のほとんどはメスである。黒猫は落ち着きがあるがしつけはしにくいといわれる。

近年になって、猫種別の行動的な特徴についてもう少し情報を収集することを目的とした調査がいくつか行われている。『キャッツ・マインド――猫の心と体の神秘を探る』（一九九六年、八坂書房）の著者、ブルース・フォーグルは、一〇〇人の獣医に、シャム、バーミーズ、長毛種、ソマリとアビシニアン、黒短毛種、それにブロッチド・タビー［訳注：灰色に横縞模様があるものを「アグーティ色」といい、ブロッチド・タビーは古典的なアグーティ色の猫種］という六つの猫種（または猫種のグループ）について、一〇種類の性格的特徴の順位づけをしてもらった。また、雑誌『Cat World』は、読者が飼っている猫についてこれと似たアンケートを行った。この二つの調査の結果は、さまざまな事例報告を裏づけているように見える。その結果はこんなふうだった。

シャム、バーミーズ、アビシニアン、それにイギリス産以外の短毛種は、イギリス産の短毛種や長毛種よりも人間の注目を要求する。バーミーズは常に物事の中心におり、シャムもそれに劣らない。自信のある猫、という意味では、やはりシャムとバーミーズが一番上位にいた。どの猫種も愛情深いという回答が返ってきたが、長毛種は飼い主とのコミュニケーションは少なかった。またシャム、バーミーズ、アビシニアンは、活発さ、声によるコミュニケーション、自分から人に近づいてくる、という点で評価が高かった。シャムは遊び好きだが、他の猫種よりも物を壊すことが多かった。ペルシャ、または長毛種は、声によるコミュニケーション、遊び好き、興奮しやすさに関する質問では最も順位が低かったが、扱いやすさでは評価が高かった。他の猫と一番仲良くなりやすいのは、イギリス産の短毛種と雑種だった。

家に独りで置いておいても大丈夫か、という質問に対する回答でもやはり、イギリス産の短毛種が一番問題が少ないようだった。その点で一番評価が低かったのはバーミーズで、このことは、人間に対する依存度の高さを示していた。ソマリとアビシニアンは、バーミーズに比べてよそよそしく、人間の存在に頼らないようだった。

バーミーズは強い性格的特徴をもつようで、『Cat World』誌の調査に対して何人かの飼い主が寄せた回答が、この猫種の特徴をうまく要約している――「非常に頭がよく、飼い主に忠実で、大胆、人間好き。また要求が強く、無視されたり、仲間に入れてもらえなかったりすることを嫌う」。別の飼い主はこうも言う――「まるでご機嫌な子どものようで、一緒にいてとても楽しい」。だが、問題行動という意味でいえば、猫が他の猫に対して攻撃的な行動をとったという事例の多くに、少なくとも一匹はバーミーズが絡んでいることもつけ加えなければならない。これほどの強烈な個性をもった猫が暴君と化せば、同じ家に飼われている他の猫にとって、いや、近所の猫にとってもそれは恐ろしいことだろう。よその家に勝手に入ってその家の猫の餌を食べ、室内で尿スプレーし、その家の猫をボコボコにした、というバーミーズの例さえある！　もちろんこれは極端な例だしそんなことはそうそうないが、ペルシャがそれと同じことをするというのはまずあり得ないだろう。その一方で、トイレの粗相があったとしたら、犯人はペルシャである可能性が最も高い――家の中での清潔さに関する調査で明らかになったことである。ほとんどの猫種はこの点については得点が高かったが、ペルシャは最低だったのである。とはいえペルシャは、美しいだけでなく、優しくて行儀がよく、リラックスしたのんびり屋で、おっとりし、気だてがいいといわれている。要求の多い東洋種の猫よりも、こういう性格を好む人もいるだろう。

人気の猫種に関しては、こうして情報が蓄積されているおかげで、今では猫種の性格についてある程度の一般化が可能であり、少なくとも、猫を飼おうかと考えている人に、ある種の猫を選ぶ、あるいは避けるチャンスを与えることができる。だが、あまり一般的でない、あるいは比較的新しい猫種においてはこれはずっと難しい。そういう猫種については、ブリーダーに相談し、そのブリーダーが育てている血統に、何か特定の特徴があるかどうか聞いてみるのが一番だろう。

新しい猫種のなかで、見た目は野性的で性格は人なつこい猫種を作るのに成功したのが、本物の野生猫、ベンガルヤマネコとの異種交配によって生まれたベンガルだ。はじめのうちは、この猫種は人になつかないのではないかと心配されたものの、今ではそんなこともなくなり、少なくともイギリスでは、一般に認識された猫種として受け入れられている。ただし、イギリスで猫種を認定する主要な団体である育猫管理評議会（ＧＣＣＦ）は、イエネコ（*Felis silvestris catus*）以外の動物を交配させてできた新しい猫種は認めないと言明しており、つまりヤマネコと交配させた猫種を公認しない。これは、結果がどうなるかを完全に理解しないままに人々が、さまざまな種類の、さまざまな気性をもつ猫を作ることに手を出すのを止めるための、きわめて賢明な決定であるように思う。すでに、美しい毛色にも模様にも十分な種類があるし、今いる猫種のなかでさえ、バリエーションが増え続けているのだ。交配のために利用したりせず、野生の猫は野生の環境の中で保護しようではないか。

家猫と外猫

私たちの飼い猫が外ではどんな性格をしているのか、ほとんどの人は目にすることがない。我が家のスーティーは、家の中では人なつこく、子猫のようにふるまう甘えん坊なのに、いったん庭という自然界に出ると、特殊空挺部隊の隊員のごとく、じっと獲物をつけ狙い、襲いかかって殺す狩りの達人に変身する。朝、私を起こすために、そっと私を叩くのに使うのがせいぜいの前足の爪は剝き出しになり、小動物には致命的な武器となる。あらゆる感覚器官をとぎすませ、瞳孔を大きく開き、耳をそばだて、いつでも行動に移れるように筋肉を緊張させたスーティーは、完全に狩猟モードに入っていて、私たちの知っているスーティーとは別の猫だ。家の中にいるときの甘ったれの、もう一つの顔である。

猫が遊んでいるときや、猫仲間とちょっとけんかをするときなどにこの別の世界を垣間見ることはあるが、（幸いなことに）猫がひっかいたり咬みついたりする、その本当の威力がどれほどのものかを私たちが経験することはめったにない。だがもしもそういうことがあったら、まず忘れないだろう。そういう事例で興味深いものがある。イギリスの南部で、あるご婦人が主に家の中で飼っていた、ボンバーという名の見事なトラ猫が主人公だ。ボンバーは窓辺に座って外を眺め、庭にライバルの姿を見つけると非常に興奮した。そして、何であれ、最初に動いたものを攻撃するのだが、それがたまたま飼い主であることが多かったのである。気の毒に飼い主のご婦人は、足首と脚を咬まれて負った深い傷から感染し、入院する羽目になった。その後ボンバーは、外猫としての性格が家猫としての飼い主との関係を崩壊させないよう、もっとずっと外猫に近いライフスタイルを許されるようになった。

私たちは、自分が飼っている猫が、ライオンやトラなど、獰猛で恐ろしい大型ネコ科動物の小型版にすぎないということを忘れがちだ。ペットの猫が、私たちといるときにはその行動を変化させ、おかげで安心して一緒にいられるというのはなんと幸運なことだろう。猫の行動学者ピーター・ネヴィルはその著書『Claws and Purrs（爪とゴロゴロ）』の中で、まさにこの点について書いている。猫の二つの顔を観察し、私たちの「ペット」がほとんどどんな環境でも生き残り、自分に不利な状況にさえも適応できるのは、狩りをするだけでなく、残飯を漁り、地域の人間にとけこむためにもその知力と技能を使っているからなのだということに気がつけば、凶暴な一面も認めてやることができる、と彼は言う。

こうした野性の本能はすべての猫が先天的にもっているもので、そうでない猫を選ぶことはまずできない。でも、猫のなかでも特に狩り好きで、狩りがうまい猫というのはいる。狩りがうまい母猫から生まれた子猫は狩りがうまいことが多い。それは遺伝的なことも理由の一部かもしれないが、そういう母猫は間違いなく、子猫に狩りを教えるのがうまいし、子猫は母猫を見て覚えるのだ。狩りが下手な母猫の子どもは、いずれ自分で狩りを覚える場合もあるが、その可能性は低い。

あなたに合った猫を選ぶ

こうした調査結果や知識は、猫を飼おうと考えている一般の人が純血種や雑種を選ぶ際、どんな助けになるのだろうか？　ここまでで、まず、基本的に人なつこい性格をしている子猫を選ぶこと、そして生まれてまもない感受期にできるだけかまってやり、できるだけたくさんのことを学ばせるのが大事であることがわかった。そのあとは、食べ物と愛情、猫の生来の行動に関する知識を使って猫と可能なかぎりの交流をもつことで、猫との関係をさらに強固なものにすることができる。

猫のブリーダーは、人にペットとして売られていく猫が間違いなく穏やかな気性であるようにするために、神経質だったり攻撃的な猫を交配に使わないようにするといいだろう。純血種の猫の場合、生後一二週間はブリーダーのところに置いておくのが普通である。イギリスで純血種のブリーダーやキャットショーの参加者を管理している団体が、普通はそれを推奨するからだ。だが、雑種の子猫をもらうなら、生後六〜七週間で家に連れ帰ることができる。ワクチン接種を受けていないかもしれない他の猫とあなたの猫が接触しないようにし、外に出してやる前に、できるだけ早くワクチン接種を受けさせれば、危険はほとんどない。動物行動学者は、子猫は生後約七週間で乳離れしたら、なるべく早くもらい先を見つけるべきだと言うだろう。新しい飼い主が、猫が一番たくさんのことを覚える時期に猫との絆をつくれるようにするためだ。純血種のブリーダーは、子猫を頻繁にかまってやり、人や、犬や、他の猫に触れさせるなど、さまざまな経験をさせることだ。病気をうつされないようにすると同時に、できるかぎりの経験をさせて、人なつこい、人間好きで攻撃性のない、自信のある猫に育てること。その微妙なさじ加減が必要である。

子猫を選ぶ前にまず、どういう猫が欲しいのかを決めなくてはならない。独りで長時間過ごしても大丈夫で、かなり自立していて時おり姿を見せるだけの猫がいいのか？　それとももっと人との関係をもちたがり、あなたや他の猫と一緒にいたがる猫が欲しいのか？

また、純血種が欲しいかどうか、そしてその身体的な面倒を見るのにどれくらいの時間を割く気があるかも考えなければならない。ペルシャをグルーミングするのは毎日かなりの時間がかかる。東洋種に惹かれる人は多いが、それらの猫が飼い主の注目を特に欲しがることに不安を感じたり、あるいは、一日中家に独りで置いておくつもりだったり、完全な家猫として飼うつもりだったりした場合、そのせいで猫が退屈したりそれがトラウマになったりするのではないかと心配する。あまり手がかからずに家族の一員になれる猫が欲しいのなら、雑種のほうがいいかもしれない。雑種ならかなり小さい時期にもらえるし、そのおかげで、忙しいあなたの家庭の騒動にもすんなりとけこみ、成長とともにすべてをらくらくと学ぶことができる。

多くの場合、子猫は二匹で飼うのが賢明だ。猫が二匹いればお互いに寂しくない——あなたが留守のときは特に。私たちがこのジレンマに直面したのは、シャムを飼うことは決めたが、何匹飼うかを決めていなかったときだった。人間とより近い関係ができる一匹飼いにするか、猫が寂しくないように二匹飼うべきか？　二匹で飼うと、猫同士で仲良くなり、人間には慣れないのではないか？　結局、私たちは二匹飼うことにし、それでよかったと思っている。私はよく、二匹がお互いの相手ができることに感謝する——私たちには猫を抱いたり遊んでやったりする時間があまりないし、飼い猫を十分かまってやっていないという罪の意識を感じなくてすむからだ。もらわれてきた最初の一か月、二匹はずっとくっついていた。やがて、私たちが飼っている雑種の猫ブレットがその玉座から降りてきて、子猫も悪くないという結論に達すると、子猫たちはブレットと交流をもつようになった。猫たちは猫同士で遊ぶが、私たちと遊ぶ機会があったり、私たちに呼ばれたりすれば、喜んで遊んでくれるし、膝の上で満足げに丸くなって、私たちといることを楽しんでいる。誰にとっても、これが最上の状況だ。完全に家猫として飼おうと思っているなら、あなたが仕事に出ている間ずっと独りでいることを期待するのは少々酷だ。二匹いたほうがずっといいと思う。

子猫を選ぶときがきたら、健康であることがもちろん最優先だ。子猫の目に曇りがなく輝いていることと、毛がきれいであることを確かめよう（尻尾の下をチェックして、お腹に問題がある兆しがないか確認しよう）。興奮していて、猫の性格を示すしるしまで観察するのは難しいかもしれない。どの子猫が欲しいかを決めるのは見た目であることが多いが、もうちょっと時間をかけて、可能なら全部の子猫と触れあってみたり、ブリーダーにそれぞれの子猫の性格について聞いてみるといい。また、その子たちがどれくらい人間にかまわれているか、他の動物と遭遇したことがあるかどうかも聞いてみる。

人間が好きで落ち着いたタイプの猫が欲しいなら、機嫌よく遊んでいて、部屋に知らない人がいても気にしない子か、あなたを調べに近寄ってくる子を選ぶといい。部屋の隅でうずくまっている子は、他の子より神経質で、あなたがいくら機嫌をとっても人になつくことはないかもしれないので避けたほうがいいだろう。非常に大まかなガイドラインだが、とても神経質で、ペットとして飼っても報われないタイプの猫をもらうまいというあなたの決意は、これでますます固くなったのではないだろうか。こういうことを全部考慮すれば、前述したような、性格が人なつこくて過剰に反応せず、あなたとの愛情あふれる関係をあらゆる意味で満喫し、自信をもって生活する猫を選ぶ役に立つだろう。あなたがその数分間で選ぶ猫は、長ければ二〇年をあなたとともにするのだということを忘れないように！

家に着いたらすぐに、子猫を安心させ、暖かくしてやろう。うるさくかまいすぎたり、かと思えばほったらかしにしたり、そのどちらにもならないように気をつけよう。慣れるまでは、ブリーダーが使っていたのと同じ餌と猫砂を使う。別の砂に替えたければ徐々に替えればいい。はじめは子猫を一つの部屋から出さないようにして、家中を自由に動きまわる前に、新しい環境に慣れさせる（また、ケージに入れて他のペットに慣らすようにする方法は第7章で説明する）。子猫はすぐに——普通は一日か二日で——自信をつけ、家の中を探検し、歩きまわるようになる。

もちろんその猫が、あなたが期待した通りの性格であるという保証はない。だがたいていは、あなたはその猫の魅力そのものの虜となり、それがどういう性格の猫だろうと、愛さずにはいられないはずだ。

猫の性格を伸ばすコツ

あなたの猫に秘められた可能性がわかったところで、それを最大限に生かし、その性格を十分に伸ばし、引き出すにはどうすればいいかを覚えておこう。

- 純血種が欲しいなら、見た目だけでなく、その猫種の性格を考慮して決めよう。
- メス猫と子猫たちが飼い主の家族に囲まれて、人間、犬、他の猫と接触があり、始終人間が猫をかまっている家の子猫をもらおう。
- 自信があり、健康で人なつこい親から生まれた子猫を選ぼう。
- 一匹ではなく、二匹飼うことを考えよう。
- 活発で社交的、落ち着いていて人なつこい子猫を選ぼう。
- 新たにペットとなった猫には、たくさんの愛情と注目をそそぎ、新しい経験をさせよう。
- 人との交流に積極的でない猫は、真心と食べ物で励まそう。
- 猫を追いかけて注目を押しつけてはいけない。猫はもっとあなたから遠ざかるだけだ。

6　知能と訓練

猫は賢いか？　必要なら単独で生きることができるのだから猫は犬より賢い、と考えるべきか、それとも、人間の命令を聞かないのは犬より頭が悪いから、と判断すべきか？　こうした質問に答えるためには、まず、知能とは何なのかということを定義しなくてはならない。知能とは、知的技能と知識を足しあわせたその合計のことか、それとも、新しいことを覚え、概念を関連づけ、あるものと他のものを区別する能力のことなのか？　それはもしかしたら、変化する状況に適応して、それを自分に最も有利に使う力のことかもしれない。人間で考えた場合、何を知能と呼ぶかはかなり複雑な問題であることは確かだが、では動物の知能はどうなのだろう？

犬が人間の命令に応える能力をもち、喜んでそれをするということは、よく、犬がどれほど賢いかを示す例とされる。反応が素早かったり、盲導犬、麻薬や犯罪者を嗅ぎ当てる探知犬など、人間のニーズを満たすよう訓練された犬は知能が高いとされる。だが、「頭が悪い」とされる犬は、ものを覚えるのが遅いわけではなく、単に人間に求められることをしたがらないだけかもしれない。ビーグルやバセットなどのハウンド犬は、何時間も前に一匹のキツネが山を越え谷を越えて残した足跡の追跡にかけては非常に鋭いが、呼んだら戻ってくるように訓練するのは不可能に近い――ところがそれは、ほとんどの犬にとっては一番単純な命令なのだ。

では猫はどうか？　歴史的に、人間と猫の関係は、犬との直接的な協働関係とは異なっていた。猫は害獣を抑えるのに役立つが、人間は猫に狩りをするよう訓練したわけではなく、単に猫を適所に置いて、猫の生来の行動を利用しただけである。だから、犬を分類したのと同じように猫を分類するのは難しいだろう。もちろん、ドアを開けたり、スリッパを持ってきたり、命令に従ったり、と、自分で考えて行動するのみならず、飼い主の言うことに直接反応して行動するように見える「スーパーキャット」を知っている、という人はたくさんいる。とすると、知能というのはコミュニケーションをとる能力、それも、自分と同じ種のなかだけでなく、人間のようにまったく違う種とコミュニケーションをとる能力と定義したほうがいいのかもしれない。猫にはたしかにそれがある。そして、脳の大きさと知力にほんの少しでも関係があるとしたら、猫は霊長類やイルカと同等である――なぜならば、体の大きさと比較すると、猫はこの二つを除いてすべての哺乳類より脳が大きいのだから。

「知能」を測る

ある猫がこういうことをした、あるいはしなかった、という事例報告を集めて分析する以外に、猫の知能を測る方法はあるだろうか？　私たちは、猫の頭の中がどんなふうになっているのかを教えてくれるテストを考案しなくてはならない。そういうテストを使えば、異なった動物種をある程度は比較することができるが、そこにも問題は多い。器用さを測るある種のテストは、その課題が必要とする思考回路と行動がもともと日常の一部であるサルには向いているが、そういうことをやろうとしたことがない犬や猫には不適切かもしれない。その結果、犬や猫のほうが頭が悪く、何を求められているかが理解できないように見える。だが実際には、犬や猫がその課題をこなす、あるいはほんの少しでもそれができるというためには、通常の思考過程を大きく逸脱しなくてはならなかったのかもしれず、犬や猫のほうがサルよりも理解力があるということを示しているのかもしれない。つまりテストの設計の仕方がつたないと、事実と逆の結果が出てしまうことがある。テスト全体が、「もしも」と「ただし」だらけなのだ。それはまるで、大工とコンピュータ・プログラマーの技術を比較しているようなものだ。両者はそれぞれ、直接比較することも、それどころか測定することもできず、どちらかが他方より優れているわけでもない、異なった技能をもっているのである。

猫は、閉じこめられた場所から逃げ出すために必要な、順序だった一連の反応を学習することができるということがわかっている。そして学習したことを、のちに、それと似た状況から脱出するために使ったのである。この能力は、「知能」と呼んでいいだろう。

また別のある実験では、犬や猫は、いくつかある箱のうちどの箱の上で電灯が点灯したかを覚えておき、その箱を選択するとご褒美がもらえた。その結果、犬が覚えていられるのは電灯が消えてから五分程度にすぎないのに対し、猫は、一六時間経っても正しい箱を選んだ。その記憶力は、同じテストを受けたチンパンジーやオランウータンよりも優れていたのである。猫に概念というものがつくれるとしたら――実際、電灯と箱の実験でそれができるらしいことがわかったわけだが――猫は真の知力と呼べるものの重要な要素をもっているといえるかもしれない。電灯とご褒美を結びつけたり、迷路や一群の障害物の中から脱出する能力は、科学者が試行錯誤学習と呼ぶものの例だ。猫は、どこかに閉じこめられたというような問題を解決したり、ちょっとしたご褒美をもらえたりする、ある特定の、または一連の行動をとることを学習する。ある行動に報酬が伴い、しかも、それは自分の行動に対するものであって行動と報酬の間に起きた他の出来事とは関係ない、ということがわかるくらい迅速に報酬が与えられれば、猫は自分の行動と報酬という二つの事象を関連づけて覚え、将来再びその行動を繰り返す確率が高くなるのである。

パブロフの犬が唾液を出すようになった行動実験は誰でも知っており、古典的条件づけと呼ばれるものの例だ。ある事象が、それと一緒に起きる確率の高い事象と関連づけられることである。パブロフが、食べ物を犬の口に入れる直前にベルを鳴らしたところ、それを数回経験した犬は、ベルの音を聞いただけで、食べ物がもらえることを期待して唾液を分泌するようになったのである。飼い猫が、自分の餌がしまってある戸棚が開く音、あるいは餌のボウルを床に置く音を聞いただけで、どこからか電光石火のごとく現れるのもこれとまったく同じことである。人間もまた、特定の音、声、音楽などを過去の出来事と結びつける――それが二〇年、三〇年前のことである場合もある。驚いたことに、私たち人間に今とは違う時や場所を最も強く想起させるのは、他の動物のほとんどに比べて劣っている嗅覚である。人間より優れた嗅覚をもち、記憶力のよい猫が、匂いと出来事を認識し、二つを関連させて、不快な経験につながるものには近寄らないようにしているのは間違いない。

こういう条件反射は、何が危険で自分に危害を加える可能性が高いか、楽しいことが待っているかもしれないというしるしはどんなものかを動物に教えるので、動物が生き延びるために不可欠である。特定の音、匂い、景色などに、ある反応がいったん関連づけられると、その関連性は、それが強化されない状態が続いたり、他の反応に置き換えられないかぎりはなくならない。つまり、もし私たちが猫の餌を別の戸棚に移し、その戸が開くときには違う音がするとしたら、猫はやがて、私たちがコーヒーを取り出すためにもとの戸棚を開けても、そのたびに慌てて走ってこなくなる。そしてその代わりに、移動した先の戸棚の場所と音を自分の食事という儀式と結びつけるのだ。動物は成長するとともに、自分の世界で起きる、脅威を感じる必要のないごく普通の出来事に慣れていき、何が自分の生命を脅かす（あるいは脅かす可能性がある）かを学んでいるときほど強く反応しなくなる。このように、成長し、学習するにつれて、猫が目にするもの、耳にすることに対して見せる反応はそんなに大げさなものではなくなり、遊び好きな子猫だった頃のように、庭に出るたびに、すぐさま調べなければいられない、新しくてエキサイティングなものだらけ、というわけでもなくなるのである。

仮に知能が適応能力で測られるとするなら、猫は最上位に位置するはずだ。種としての猫は、砂漠、ジャングル、厳寒の地、とほとんどどんな種類の環境でも、人間の助けがあろうがなかろうが生きていける。彼らの生活スタイルを見れば、猫には、彼らがそれを望めば、あるいは生存のためにそれが必要ならば、環境に素早く適応する能力があることがわかる。猫は適応能力があるだけでなく、融通がきいて、経験からたちどころに学ぶ。子猫が観察からたくさんのことを学ぶというのはすでに見た通りだ。レバーを押して餌をもらう、という課題を母猫がうまくこなすのを見ていると、子猫もそれができるようになるということは前述した。猫はまた、関連づけによる学習も非常に早い。キャリーバッグは、注射のために獣医に連れていかれるという決まって不快な経験と結びつくので、たとえそれが一年に一度だろうと、物置からキャリーバッグが引っ張り出されるやいなや猫は姿を消す。ノミ取りスプレーの缶が出てくると、まもなく「嫌な匂いがするものが吐き出される」のは必定で、猫はやはり何としてでもこれを避けようとする。フラートは、寝る前にキッチンに連れていくために探すときとは違う様子で私が彼女を探していれば、それを見破り、あちこち走りまわったあげく姿を消してしまう。私が虫下しの薬を持っているのがどうして彼女にわかるのかは謎だが、私がどういうつもりで彼女を探しているのかを彼女が感じとれるのは間違いなく、それを避けるために適切な行動をとるのである。

可能性を引き出す

生後二週間から七週間の間に人間にかまわれて育った子猫は、そうでない子猫と比べてずっと人間好きで、反応すべき新しい経験をたくさんさせてもらえれば、概して、反応が早く、外交的で他者と交流するのが好きな猫に育つ。幼い人間の子どもと同じで、彼らはたくさんのことを吸収し、自分の限界について考えて何かを怖がったり遠慮したりすることがない。母猫の乳が出なくなると、子猫はごく幼いうちに乳離れし、獲物を捕ることを覚えるということがわかっている。つまり、猫は小さいうちから状況に適応し、生存のための新しい戦術を身につけることができるのだ。感受期に刺激の少ない環境に置かれていた子猫は、ついぞ好奇心を発達させず、問題の解決ができるようにならないかもしれない。そういう子猫は、自分になじみのないものや状況をただただ避けるのみなのだ。だから、幼いうちに教えるのが一番いい。

子犬に盲導犬の訓練をする場合も同じ方針が当てはまる。子犬は専門の、パピーウォーカーと呼ばれる人に預けられ、さまざまな状況を経験させられて、できるだけたくさんのものを見、音を聞き、可能なかぎり多種多様な人、動物と接触をもつ。子犬は、生後六週間ほどで乳離れした直後から、ごく普通の、明るい家庭環境の中でパピーウォーカーと生活する。こうやって子犬は早いうちに学び、盲導犬として働きはじめたときに、遭遇するほとんどどんな状況にでも対応でき、怖がったり、目の不自由な飼い主を置いて逃げ出したりすることなく、高度に専門的な仕事をこなすことができるのである。

しつけの手法

しつけとは、動物の行動に方向づけをして、トレーナーに言われる通りにふるまうようにさせることをいう。それにはさまざまな形があるし、さまざまな目的がある。「おすわり」「ふせ」「ちょうだい」といった命令で簡単な姿勢をとらせることから、サーカスの動物が演じるもっと複雑なものまで、「芸」を教えることであるかもしれないし、トイレのしつけなどのように、動物にある関連づけを仕込み、日常の行動の一部を、ある決まった場所、決まった時間に行わせる、ということであったりもする。

猫にリードをつけて散歩できるようにするのもしつけの一例だ。それができるようになれば、都会に住む人も飼い猫を外に連れ出して、猫が車の下に潜りこんだり近所の「野生動物」に攻撃されたりするのを心配せずに外界を探検させてやることができる。リードをつけて歩かせる訓練は、胴輪を身につける感覚を猫に覚えさせ、飼い主とリードでつながっていることに慣れさせるだけでなく、将来的に散歩に連れていくかもしれない環境を猫に見せてやることにもなる。もちろん、子猫のうちに始めたほうがずっとやりやすいし、猫は、飼い主と一緒に外に出て散歩するのを普通のことと思うようになる。

一部の猫は、それが臆病な猫であれば特に、胴輪やリードをつけられることを最後まで好きにならないが、自信があってリラックスした猫は、パニックを起こしてリードが絡まってしまったり、胴輪やリードがますます怖くなるような事態に巻きこまれることが少ない。この訓練全体を、落ち着いた、楽しいものにしよう。最初はまず、猫を胴輪に慣れさせることだ（一番いいのは、非常にやわらかくて長さの調節が可能なもので、首輪より安全である）。猫が動揺するようなら訓練をやめて胴輪を外し、あとでまた、短時間ずつつけてみよう。胴輪と嬉しいことが結びつくので、餌をやるときなどがいいかもしれない。家の中で胴輪をつけさせて、リードを取りつける前によく慣れさせておく。決してリードで猫を引きずってはいけないが、あなたとつながっている、という感覚を覚えさせることだ（訓練には長さが二メートルくらいのリードが最適である。それより長いと手に負えない状況になりかねない）。あなたと一緒に数歩歩けたらご褒美をやろう――あなたのあとをついてくるように、食べ物で釣ってもいい。少しずつ、家の中をあなたと一緒に歩くことに慣れさせよう。そしてそれが十分にうまくなったら庭に出てみる。

静かな部屋の中で胴輪をつけることに慣れた猫は、外に連れ出され、車、子ども、スケートボード、自転車、突然現れる犬、あるいは単に大きな音など、さまざまな初めての経験に直面してパニックになるかもしれない。訓練中は、散歩の途中で遭遇する可能性があるできるだけたくさんのものに、ゆっくりと、少しずつ慣れさせることだ。猫には危険から逃げるという本能があるので、猫が逃げる必要を感じたときに逃げられない状況をあなたがつくっているならば、あなたが猫を安心させ、安全に守らなければならない。

犬におすわりやふせを教えるのは誰にでもできる。ただし、教え方を見ていると、偉いのは教える人ではなくて犬のほうだというケースも多い。では猫はどうなのだろう？　猫も、言われたことをするようになるのだろうか？　猫は、命令に応える従順さで知られる動物ではない。そしてそれが理由で、一般的には、頭が悪く反抗的、あるいは狡猾であると考えられている。だが実は、猫の自然な反応の仕方を利用した状況下では、猫はものを覚えるのが非常に早い。犬の場合、人間がしつけ・訓練の黄金律をことごとく破ってもなお犬は人間と一緒にいたがるし、ある程度は命令にも従うので、私たちはそれと同じことを猫にもしようとして見事に失敗する。だが猫は断じて犬ではなく、犬とは違う目で世界を見ているのである。

訓練における第一の基本原則は、トラだろうがゾウだろうがイルカだろうがウマだろうが同じである。訓練を成功させるためには、まずその動物の自然の行動を理解することだ。たとえば、怯えたときにどう反応するか、何をするのが楽しくて、ある行動を起こさせる動機は何なのか、といったことである。

二つ目の原則は、報酬を与え、優しくする、ということだ。罰や恐れは、実は学習のプロセスを遅らせる。あなた自身、緊張していると、理路整然とものを考えることができず、ましてやプレッシャーのかかった状況で初めての課題をこなすことなど無理だということはおわかりだろう。たとえばイルカの調教師は必ず、イルカを激励して、訓練という「ゲーム」にイルカが参加したがるようにする。空中に跳び上がってロープを跳び越えてもらいたい場合、いきなりロープを水面の三メートル上に張って、どうすればいいかがイルカにわかっているものと期待したりはしない。まず水面にロープを浮かべて、イルカがその上を泳いだだけで褒美を与える。次にロープを少しだけ上げて同じことを繰り返す。ここからが、訓練で一番大事なところだ――もしもイルカがロープの下をくぐったら、つまり、自分が何をすべきかがわかっていなかったら、すぐにロープを下げてもう一度やりなおすのである。決してイルカを罰することはしない――それどころか、イルカには間違えることなど決してできないのだ。訓練がうまくいかないのは、調教師が次のステップに進むのが早すぎた、ということなのである。だからイルカには常に褒美ばかりが与えられ、イルカにとって訓練というのはポジティブな活動なのだ。

猫に猫用ドアの使い方を教えるときにもこれと同じ原則を使うことができる。まず、猫用ドアを大きく開放した状態で、言葉とおやつで猫を誘惑してそこを通過させ、そこから出たり入ったりできるのだ、ということに猫を慣れさせる。それから、扉を支える小道具を使って少しずつ扉を下げていき、猫がほんのちょっと押しただけで通過できるようにする。少しずつ下げていくことで猫は扉を押すことに慣れ、最終的には、扉が閉まった状態から自分で押して開けられるようになる。最近の猫用ドアのなかには、かなりピッタリと閉まり、隙間風防止のゴムパッドに負けずに扉を開けるにはかなりの力がいるものもある。そういう場合は、猫をもっと励ましてやらなければならない。

飼っている猫がすでに猫用ドアの使い方を知っている場合、新しく飼われた猫は、先輩がドアを使うのを見て、あなたが誘惑したりそそのかしたりするよりもずっと早く使い方を覚える。ここで、ある行動とそれがもたらす結果の関連づけによる学習について、前述したことを思い出してみよう——猫が猫用ドアを使おうとしないのは、覚えが悪いからではないのかもしれない。その猫は、使い方をさっさと覚えて頭をドアから出してみた途端、ライバル猫や近所の犬に攻撃されたのかもしれない。その結果、そんな無防備な姿勢は二度ととるまいと即座に決意し、代わりにあなたを訓練してドアを開けさせることに決めたのだ。こうすればあなたが猫の用心棒になり、ライバルやその他の危険な輩《やから》は庭から逃げていき、猫は安心して外出できるというわけである。だから、一見頭が悪いようでも猫を責めてはいけない——必要ならあなたを用心棒に使う能力はもちろんのこと、バランスよくリスク計算ができるかどうかということに、猫の生命がかかっているかもしれないのだ。

犬の訓練方法として知られるようになったクリッカートレーニングという手法は、猫にも有効だ。これは、犬や猫に、何をしたからご褒美がもらえたのかを正確に示すためのものだ。クリッカーというのは、小さなプラスチックの箱の中にやわらかいスチール製の板が入っていて、押すとカチッと音がする。とてもわかりやすい音で、素早く音を出せるので、あなたが識別させようとしている行動を正確に特定することができる。声よりもずっとわかりやすいし、猫がいったんカチッという音とご褒美を関連づけてしまえば、ご褒美そのものの重要度は低くなる。クリッカーの音は自分が正しい行動をとったことを示し、やがてご褒美がもらえる、ということが猫にわかるからだ。すでに述べたように、ご褒美そのものは猫にふさわしい、猫が欲しがるものでなければならない——通常は、チキンやエビといった高級品で十分だ！

音とご褒美の関係が確立したら、訓練の開始である。何をさせたいのかを頭の中で明確にし、それを小さなステップに分解しよう。ご褒美として与える食べ物を選び、小さく分けて、一度の訓練中何度も与えられるようにする。猫が正しい行動をとったらクリッカーを鳴らしてご褒美をやる。訓練中は決して罰を与えないこと。穏やかに叱るだけでも猫は嫌がるので、よくできたときはご褒美を与え、できなかったときは無視することだ。

褒美

学習の成功には、正しいタイミングで褒美を与えることが欠かせない。課題をうまくこなしたら、その直後に、確実に褒美を与えること。二秒以上遅れると、猫は与えられた課題をこなしたことに対してではなく、褒美をもらう直前に起きたことと褒美を関係づけてしまう可能性がある。着実に、遅延なく褒美を与えれば、猫の学習は早まるし、次回それをするのに前向きになる。

褒美を与えるうえでもう一つ重要なのは、それ自体を猫が褒美であると認識すること、つまり、猫が欲しくてもらうと嬉しいものであるということだ。だからイルカに魚を与えたり犬にちょっとしたおやつを与えたりするのは明らかに正しいし、よい結果につながる。言葉で褒めたり頭をなでてやったりするのも犬には効果があるが、イルカにそれをしてもあまり喜ばない。では猫はどうだろう? お腹が空いていれば食べ物は喜ぶかもしれないが、猫は一般的に、ほとんどの犬ほどおやつに興奮しない。ここで、人間と猫の関係において、訓練に使えるほど猫にとって重要な動機となる要素は何なのか考えてみよう。優しさや注目、というのが頭に浮かぶが、猫はいつでも注目を欲しがるわけではない。猫を買収するのは難しいのだ! 猫の場合、猫が私たちと交流したがっている瞬間を捉えて、それをできるだけ奨励することが必要だ——なでられるのに弱かったり、ある特定のおやつがお気に入りだったり、暖かくて安全な場所に行ける、ということだけでもいい、そういう猫の弱点を刺激するのだ。これには、単に犬におやつという褒美を与えるときより頭を使う。

お手、おすわりなど、私たちが犬に教える芸の多くは猫にも仕込むことができるが、それには時間と忍耐力が必要で、私たちのほとんどはそれが足りない。訓練は、動物がまだ幼く、素直で、新しいことに興味があるときから始めたほうがうまくいく。年寄りの犬にも芸を教えることはできるが、時間は長くかかる。成長した猫にとって、私たちが訓練の褒美として差し出すもの（愛情やおやつ）の価値は、暖炉のそばに座るとか、昼寝をするとか、散歩に行くといったことの価値よりもおそらくずっと低い。やりたいことを自分で決めてするほうが嬉しいのだ。生まれつき、芸を覚えたり人と交流するのが好きで上手な猫もいるかもしれないが、多くの猫は、そういうことに巻きこまれるにはあまりにも怠惰、あるいは無反応である。

キャットミート社の広告で、前足で猫缶から餌をすくって食べる白猫アーサーを調教したアン・ヘッドがアーサーを選んだのは、気性が穏やかでアンと一緒にいるのが好きだったからだ。アンは、アーサにさせようとすることはすべて、アーサーの視点から考えようとする。「我慢強いことが何より大事ね。何もかも、優しくやらなくてはだめ。猫に強制的に仕事をさせることはできないのよ」と彼女は言う。すべては、よい関係性があり、課題を楽しめるかどうかなのだ。

罰は必要か？

犬を訓練するのは簡単だ。しつけの基本原則を考えると、犬が相手なら、私たちが脅かしたり罰を与えたり、何をしても許されることがわかるだろう。犬は私たちに訓練の技術があってもなくても芸を身につける。他の犬や、真ん中に立って命令している知らない人など、気を散らすものでいっぱいの大きな会場ほど、学習にふさわしくない場所があるだろうか？　だが、犬のしつけ教室の多くはそうなのだ。犬はそこでは言われたことをするかもしれないが、覚えたことを日常の環境とは結びつけず、家では今まで通りにふるまう。つまり、犬の訓練法では、猫をおだてて言うことをきかせようと試みることすら無駄である。そんなふうに扱われれば、猫はぷいと向こうに行ってしまうだろう。

実際、罰を与えるというのは褒美を与えることの逆の行為ですらない。褒美を与えると動物の反応はより強くなるが、罰は反応を弱めないどころか、罰を与えることによる影響は予測がつかず、猫の場合は特にそうなのだ。猫は罰と自分の失敗を結びつけることさえしないかもしれない。あなたは猫がネズミを持ち帰ってきたりテーブルの上のチキンを盗んだりしたので、猫をつかんで揺さぶったかもしれない。だが猫にしてみればあなたの攻撃は青天の霹靂で、まったく根拠のないことなのだ。あなたが罰を与えれば与えるほど、猫はあらゆる状況であなたを避けようとする――万が一あなたがあの、怒った異常者に変貌しないともかぎらないからだ。

「不可抗力」

だが時として、猫があることをするのを防ぎたい場合がある――たとえば陶器の棚や食卓に跳び乗ったり、たった今私の猫がしたように、ペンキを塗ったばかりの窓を開けようとしたり（私の窓は毛だらけの仕上がりになってしまった）。普段は跳び乗っても怒られないこの窓の場合のように、それが単発的な行動なら、鋭い音、またはシッという声を出すと猫はピタッと動きを止め、跳び乗るのを防ぐことができる。この「シッ」という音が非常に有効なのは、猫自身、この音を効果音として使い、敵を驚かせたり、敵の気をくじいたりするからだ。この「シッ」という音を選択的に、猫がまさにその行動をしようとする瞬間を上手に捉えて使えば、猫はまもなく、やろうとしていた行為を放棄するようになる。身体的に罰したり、怒鳴ったり叫んだりすれば、猫はあなたを怖がるだけだ。

たとえばキッチンでコンロに跳び乗るといったもっと長期的な猫の問題行動を、万が一コンロが熱かったりするときの危険を防ぐためにやめさせたいなら、「不可抗力」作戦がある。この作戦の原理は、コンロの上に跳び乗ることと、不快な（ただし痛みや危険は伴わない）結果を関連づけさせるというものだ。大事なのは、この「不快な出来事」を陰で操っているのがあなたであることを猫に悟らせず、コンロに跳び乗ることとの間にのみ関連づけができるようにすることだ。つまり、コンロの上に跳び乗るたびに上から水が降りかかったり、鋭い音がしてびっくりしたりすれば、猫はこうした不快な出来事とコンロを結びつけるようになる。空き缶を慎重にバランスをとりながら積み上げておいて、猫がキッチンのカウンターに跳び乗ったら崩れるようにしておくのも同様の効果がある。運がよければ、猫はこの不快な出来事を避けるためにその付近に近づかないようになる。この場合の「罰」は猫が感じる嫌悪の気持ちであり、この憎らしいコンロからひどいショックを受けた猫をなぐさめ、支えてくれる優しい飼い主とは何の関連もないのである。

ここで必要となる学習のプロセスは野良猫の場合も同様で、猫は生き残るために危険を避けることを経験から学ばなければならない。ある特定の門をくぐるとそこの飼い犬のテリアが走ってくるので、超特急で逃げなければならない、ということがいったん猫にわかれば、その猫は二度と、他のことを考えながらフラフラとその門を通ったりはしない。一度そういうことがあれば、猫は普通その付近にはまったく近づかなくなるか、少なくとも、大きな歯のある小さな犬が庭にいるかどうかを慎重に確かめるようになる。子猫はそういう経験を日々たくさんしているのであり、野良として生きていかなければならない猫たちは、日常的な危険を避け、対応することを学ばなければならないのだ。

しつけているのはどっち?

私たちの飼い猫がどれくらい私たちを「しつけて」いるか、私たちはおそらく気づいていない。猫は、私たちの上に立ったり罰を与えたりしたいわけではないが、彼らの要求を私たちが学習するまで我慢強く同じことを続ける。たとえば、毎朝六時に寝室のドアをひっかいて飼い主を起こす猫は、注目が欲しいのだ。飼い主は、悪態をついたり怒鳴ったりするかもしれないが、最終的には起きて猫を部屋に入れてやる。猫が手にする報酬は、暖かなベッドと飼い主の注目だ——たとえ飼い主の機嫌が少々悪くても。猫は飼い主を「しつけ」たのであり、そのご褒美に、温かな体で人なつこく喉を鳴らし、ニャーオ、と少々鳴いてみせる。餌をおねだりするときも、窓をガタガタいわせて外に出たがるときも、中に入れろと窓枠をひっかくときも同じだ。猫のほうが私たちをしつけているのである。

猫はボディーランゲージを使ってその感情を非常にはっきりと示すが、人間は主に言葉を使って意思の疎通をし、人間同士のボディーランゲージさえ読み落とすことが多い。だが、ペットを飼っている人のほとんどは、ドリトル先生のように自分のペットと会話がしたいと思っている。食べ物や注目を褒美として与えることで、私たちは猫が私たちに「話しかける」ように励まし、しつけることが可能だ。あなたが猫に話しかけるときの例の声（認めたくないかもしれないが、私たちはみな、ペットに話しかけるときは普段と違う声音を使ったり高い声で話したりするものだ）を使って、あなたが猫と対話したがっていることを猫に知らせる。返事をさせるには、餌を用意しながら優しい声で話しかけ、ただし、猫が「お返事」するまで食べさせない。あなたはそれに反応するのが遅れないようにすること——餌の用意をすませ、猫が返事をしたら即座に猫の前に置けるように手に持ってかまえていなければならない。猫は、「ちょうだい」と言うことと、餌というご褒美を関連づけることを覚える。あるいは、鳴いたときだけなでるようにすれば、猫にとってのご褒美はかまってもらえることだ。

こういう相互交流は、人間が猫をしつけ、猫が学ぶのと同時に、実は猫が人間を訓練するプロセスでもある。というのも、猫はやがて二重スパイのように、私たちが教えたことを自分に都合よく利用して、何か欲しいものがあるたびに、ちょうだいと言うだけでよくなるのだから。猫の頭が悪くないのは間違いない。

取ってこい！

雑誌『Cat World』が行った興味深い調査によると、犬と同じように、飼い主が投げたものを取りに行き、持って帰ってくる遊びを喜んでする猫がいる。それも、ときどきではなくて何度もだ。人間は、犬、特に猟犬や、ものを取りに行く習性を生まれつきもっている犬を訓練して、ものを拾い、持ち帰って、私たちに渡すよう教えこむ（そしてまた投げる）。猫も獲物を持ち帰る——つまり、ものを持って帰ってくるというのは猫の自然な行動の一つなのだが、人間が投げたものを拾って持ってくるという遊びに参加するというのはかなり珍しい。報告された事例を見ると、多くの場合、それを猫に教えたのは飼い主ではなくて、猫のほうが人間にものを投げ続けさせようとしたようだ。ある女性はこう書いている——「うちの猫は、小さいときからものを拾って持ってくるのが好きでした。あるとき、真ん中で折れたタバコくらいの大きさの紙屑を見つけて私のところに持ってきました。その興奮ぶりから、遊びたがっているのがわかったので、それを投げてやったら持って帰ってきました。それが大好きなゲームの始まりでした。紙屑は普段はフルーツボウルに入れてありますが、遊びたくなるとそれを取りに行き、私のところに持ってきます。それがうちの子のお得意芸で、誰でも投げた人にそれを返すんです」。

調査に登場する猫のなかには、この遊びに夢中で、一度に何時間もそれをして遊ぶものも多いようだが、なぜそれをするのか、どうやってそれを覚えたのか、それをして何の得になるのかはいまだわかっていない。回答の手紙を見ると、同じ家に飼われている年長の猫を手本にして覚えた子猫もいるようだが、拾いに行くのは一匹だけで、他の猫は、よそよそしい猫独特の軽蔑した様子でその騒動を無視する、という場合もあるようだ。飼い主たちは猫とこうやって一緒に遊ぶのをとても楽しんでいるようだが、それが少々長引きすぎる場合もあるようだった。ある飼い主は、くたびれてしまってこう言っている――「帰宅してソファに座るなり、うちの猫は私の膝におもちゃを置いて、私が部屋の向こうにおもちゃを投げるのを、待ちきれないという様子で待ってるんです。私が投げると、まるでそのおもちゃを捕まえて持って帰ってこられるかどうかに彼の命がかかってでもいるように、ものすごい意気ごみで飛ぶようにして追いかけていきます。正直、一時間もこれをやっていると飽きますけど、彼にとってはとても大切なゲームなので、なかなか拒否できないんです」。

飼い猫を、犬と同じように行動するよう訓練した飼い主は他にもいる。ある人の場合は、飼い犬に満足できず、飼っていたシャム猫を犬のように扱った結果だったし、猫が犬と一緒に育った結果であることもある。なかには、偽妊娠から回復したばかりで欲求不満だったコリーに育てられ、犬のように唸ることを覚えた子猫もいる。

拾って持って帰ってくるものは、ボールだったり、紙やアルミホイルを丸めたものだったり、おもちゃ、バスローブのベルト、紐、レース、その他いろいろだ。ボノという名の猫は、スポンジでくるまれたヘア・カーラーが一番お気に入りのおもちゃで、それをひっかく音がすると熱狂した。飼い主が二人、部屋の両端に座ってカーラーを投げあうと、二人の中間の絶妙な位置に陣どったボノは、跳び上がってそれを捕まえるのだった。だがボノは、ヒメアシナシトカゲを発見すると同時にヘア・カーラーに対する興味を失い、今度はトカゲをくわえて家の中を歩くようになった。別の猫は、はじめは紙や他の材料を丸めたものを追いかけていたが、すぐに、人が遊んでいる最中のボードゲームの駒を捕獲するようになった。これは人間の注意を引くには最適の作戦で、そのことも、猫がこういう遊びが好きで楽しむ理由の一つなのかもしれない。どうしたら人間とのコンタクトを開始し、キープすることができるのかを覚えることで、猫がもともと遊びや狩りでとる行動の多くを、飼い主がいる安全なところで、飼い主の注意を独占した状態で行えるというわけだ。ゲームを始めるのも終了するのも猫である。飼い主は完全にコントロールされているのだ。猫がよそよそしいとか、頭が悪いとか、命令に従わないなどと言ったのは誰だろう——もっとも、たいていの場合、命令をするのは猫のほうだが。

猫を訓練するコツ

一貫性を保ち、辛抱強く、ゆっくりと。猫が決して「失敗」しないようにしなくてはならない。

・褒美は、確実に、迅速に与えよう。
・餌を褒美として使いたいのなら、なりゆきで餌を与えないこと。それが褒美であると思わなくなってしまう。好みのおやつがあるなら、それを与えるのは訓練のときだけにする。ただし、それを与えるとあまりにも興奮して教えようとしていることに集中できなくなってしまうような食べ物は使わないこと。
・褒美を与えるのは、猫が言われたことを（教えることを細かいステップに分割しているならその部分を）できたときだけにする。褒美は、それをもらえた行動と関連づけられなくてはならないので、その行動の直後に与えなくてはならない。
・決して罰を与えないこと。猫は怖がって学習の過程が遅くなる。
・上から霧状の水が降ってくるとか、積まれた空き缶がガラガラと崩れる、といった嫌悪療法（または「不可抗力」）は、猫に登ってほしくない場所に猫が跳び上がらないようにするのに効果がある。

・常に優しく、安心させるようにふるまい、決して怖がらせるような動作を見せないこと。

・子猫がまだ小さくて、あなたのすることすべてに興奮し、一緒にやりたがるうちに訓練を始めよう。

7 問題解決法（五十音順）

赤ん坊と猫

同じ家に猫と赤ん坊が一緒にいる、というと、真っ先に、猫が赤ん坊の顔の上で寝て窒息させるのではないかと考える人が多い。この思いこみは非常に強く、そのために、やがて子どもが生まれる予定の人たちが出産前に大切な猫を手放したり、子どもに与える危険を心配して猫を飼いたいのを我慢する人もいる。なんともったいないことだろう。小さい子どもがいる家庭で、家族に猫がいることでたくさんのものを得ている人も大勢いるというのに。もちろん、時には猫がこの新しい温かいものを発見し、ベビーベッドの中で赤ん坊の隣に丸くなることもあるかもしれない。だが、猫にも犬にも当てはまる簡単なルールさえ親が守れば、赤ん坊に害が及ぶ危険はゼロになる。つまり、自由に動きまわれるペットがいるところ、あるいは窓が開いていたり猫用ドアがあったりしてペットが自由に出入りできるところでは、決して赤ん坊を独りにしておかないことだ。

これは、新生児、ハイハイする乳児、ヨチヨチ歩きの幼児全部に当てはまるルールである。それどころか、普通は六歳から八歳くらいで、ペットに近づいて触っていいのはどんなときで、優しく追い払ったほうがいいのはどんなときかがわかるようになるまでは、このルールを守ったほうがいい。はじめのうちこのルールは、か弱い子どもを守るためのものだが、やがて、罪のないペットの安全もまた確保しなければならなくなるからだ。

理想的には、新しく猫を飼いたいと思っている人は、子どもができてから飼うほうがいい。そうすれば猫（または子猫）は、大人も赤ん坊も子どもも同等に、普通のこととして扱い、人間の家族と暮らす難しさを受け入れやすい。成猫になってからある日突然、うるさくて予測のつかない人間が家族に増えるのに対処しなければならないほうが大変だ。だがもちろん、赤ん坊は（猫も同じだが）必ずしも計画してやってくるわけではない。だから、赤ん坊が生まれたときに猫をどう扱うべきかを知っておくことが大切だ。

必ず、赤ん坊と猫ができるだけ早くから出会えるようにしよう。猫をしっかりと抱いて、赤ん坊の匂いと、赤ん坊と一緒にやってくるさまざまなものの匂いを嗅がせ、きちんとした監視のもとに赤ん坊を猫に紹介する。汚れたおむつ、きれいなおむつの山、乳母車、ベビーベッド、お尻拭き、おもちゃ――これらはすべて、猫にとっても住処に変化が加わるということであり、猫がこれらをよく調べて、赤ん坊もその付随品も、猫の身の安全を脅かすものではないことをわからせてやらなければならない。

次に大切なのは、赤ん坊が猫にとっての競争相手とならないようにすることだ。ほとんどの猫は赤ん坊を気にしない——なぜなら猫は自分が望むときにしか人間の注目を求めないし、そうでないときは私たちが近づくのを嫌がるのだから。そうでない猫、たとえばシャムやバーミーズのようにことのほか人との交流を求める猫種は要求が多く、赤ん坊を、愛情を奪いあう競争相手と捉える可能性がある。そういう場合は、赤ん坊を家に連れて帰る前に、猫が飼い主の注目を要求してもそれを拒むようにし、求めればいつでもあなたが反応するわけではないことをわからせておくことが重要だ。そうすれば赤ん坊が増えても、猫に対していつ反応するかを決める主導権はそれまでと同じく飼い主にあるわけで、猫が受ける精神的な痛手が少なくてすむ（これは母親だけでなく、家族全員がそうすることが重要だ）。そのうえで、赤ん坊がいるとき、ただし両親が赤ん坊をあやしたり面倒を見たりしたあとで、いつもよりたっぷりかまってもらえるとするならば、猫は赤ん坊の存在を、自分がかまってもらうための前提条件として認識し、さらに重要なのは、かまってもらうのは自分より赤ん坊が先であることを覚えるのである。もちろん、猫と赤ん坊には必ず別々の場所で食べさせること。衛生面はもちろんのこと、夕食をもらえそうだ——自分のだろうが赤ん坊のだろうが食べ物は食べ物だ——と考えると猫は制御しにくくなり、より危険な生き物となり得るからだ。少々犬のように聞こえるかもしれないが、実際にそうなのだ。競争心の強い猫は、犬のように——それもできるだけ優しく——扱うと、よい反応を見せるのである。

私たちに赤ん坊が生まれたときのブレットがそうだったように、家の中でおしっこをするという反応を見せる猫もいる。最初の一週間のうちに二度、掛け布団に（しかも私たちの目の前で）おしっこしたあと、ブレットは赤ん坊の存在に慣れたらしく、いつも通りのポーカーフェースに戻った。だから、パニックを起こさないこと。猫を安心させてやり、この新人に慣れさせてやろう。ほとんどの猫は上手に対処できる。最初の好奇心が薄らぐと、多くの猫は生まれたばかりの赤ん坊には興味を示さなくなる。問題が起きる可能性は、赤ん坊がハイハイするようになってからのほうがはるかに高い。サイドボードの下やダイニングテーブルの椅子の上といったいつもの隠れ場所や、廊下の窓の近くにあるひなたぼっこ用の定位置に、突然、バブバブ言いながら周期的にやってくる侵入者が現れるのだ。多くの猫は、出窓、棚の上など、より高く、したがってより安全な場所に避難するが、各部屋に必ず、猫が子どもから逃れられる場所があること、特に、どんどん成長する子どもの手が決して届かない場所に、暖かくて覆いのある寝床を作ってやることが大切だ。この頃の子どもには、親が手を取って猫に触らせ、優しくなでることを教える必要がある。短時間の接触を頻繁に行えば、ハイハイしている乳児は、どうすれば安心して猫とコミュニケーションをとれるのか、その方法を覚えるし、猫は、赤ん坊には監視つきで自分に近づく権利があること、そして赤ん坊の近づき方がだんだんうまくなっていくことを理解する。

衛生管理はいつでも重要だが、この段階では、ハイハイする赤ん坊の好奇心たっぷりの指が猫砂をおもしろがる可能性があるので、特に気をつけなければならない。蓋つきのトイレを使ったり、たとえばテーブルの上など、床より高いところにトイレを置くのも一案だが、もっといいのは、トイレを台所に置き、赤ん坊には台所ではハイハイさせないようにすることだ。そして、定期的に猫の寄生虫を駆除し、赤ん坊を頻繁に洗ってやることが何よりも重要である。

もう一つ、同じく安全上の注意として覚えておきたいことがある。小さくてフワフワした猫のおもちゃや、倒れるかもしれない猫用家具（たとえば爪とぎポスト）は、動きのぎこちない乳児には非常に危険である。だから赤ん坊の運動訓練中はそういったものをどかしておくのが賢明だろう。

赤ん坊が成長してヨチヨチ歩きをするようになると、動きももっとしっかりするし、猫にも次の行動が予測できるようになり、猫は、大人に対するのと同じように子どもに反応する。また、子どもの興味は自分の頭くらいの高さにあるものに移り、猫用トイレの他、地面にある危ないものには興味をもたなくなる。猫はさらに高いところに避難場所を見つけなくてはならないかもしれないが、出窓の上の猫に手が届くくらいになれば、子どものほうも猫に対してしていいことといけないことがよくわかっているはずだし、猫が怖がっている様子なら、母親の言うことをよくきくはずだ。

また、子どもが小さいうちに、猫の正しい抱き方、支え方を教えたほうがいい。この場合もやはり、猫が一度に長時間抱きかかえられるのを我慢しなくてすむように、短時間の練習を頻繁に繰り返すほうがいいだろう。この頃になると、子どもは猫の世話を手伝うという遊びにも参加できるようになる。たとえば大人が猫に餌をやるのを手伝うなどだ。こうして親の監視のもとに猫との付き合い方を覚える作業はできるだけ頻繁に続けることが重要だ――子どもが大きくなったときに、猫との付き合い方がわかっているだけでなく、猫のボディーランゲージや気分の読み方、のちには猫が何を必要としているかがわかるようになるからだ。そうすればその子は、喜んで次世代の猫愛好家の一人に成長するだろう。

餌を与える

餌の時間は、猫が飼い主に対して最も反応を見せるときだ。単に食事を与えるというだけでなく、猫のことを学ぶ機会にもなり、飼い主と猫の絆を強めるには絶好の時間である。動物行動学者は、新しい猫を飼いはじめるときには少量を何回にも分けて与えるよう勧める。そのつど、猫の名前を呼び、猫に餌をくれと催促させる。慣れてきたら餌をやる回数を減らすか、いつでも食べられるようにしてかまわない。

あなたが餌をボウルに入れていると、猫の瞳孔が期待と興奮で開くのに気がつくかもしれない。猫は鳴いたり喉を鳴らしたり、子猫だった頃、母猫が捕ってきた獲物をおねだりしたように、尻尾をあなたの脚に巻きつけるようにしてあなたに体をすり寄せるかもしれない。

猫の食欲がなくなったら、原因を調べる必要がある。病気から歯の問題まで、食べ物に興味をなくす原因はいろいろある。猫の行動を注意深く観察しよう。あなたがボウルに餌を入れているときは嬉しそうなのに、二口三口で食べるのをやめてしまうのは、歯や歯茎に問題があって、痛い思いをしてまで食べたくないのかもしれない。今では歯の問題について獣医にできることがたくさんあるので、診てもらうのがいいだろう。全身がより健康になり、歯の健康を保てるような、食生活のアドバイスももらえるかもしれない。人間と同じで、猫の食べ物の好き嫌いも生まれつきではなく、あとから身につくものだ。私たちは、バランスのよい食事を与える代わりに、猫が欲しがるものを与えるという過ちを犯しがちだし、たとえば魚に夢中な猫にそれ以外のものを食べさせるのは難しい。猫の餌を別の種類に替えたり、ある特定のフレーバーをやめさせせようとするときは、それまで食べていた餌に新しい餌を少し混ぜることから始め、新しい餌の割合を徐々に増やしていく。こうすれば猫は新しい味に慣れるし、猫の体の器官も自然に新しい餌に慣れることができる。獣医によれば、猫は通常、新しい餌を三日続けて与えられれば食べるようになる。だから、あなたの猫の食事をより健康的なものにしようとしているならば、少なくとも三日間は続けてみるべきだ。

事故に遭ったり怪我をしたりしたあとでは、猫は食欲をなくす。生命維持に必要な機能のはたらきを保つために自分の細胞を分解しなくても体が強さを取り戻せるように、猫が再び食べられるようにすることが大事である。餌を人肌に温めてやると匂いがするので、猫はその匂いの出所を知ろうとするかもしれない。また細かく切って茹でたレバーは匂いが強く、猫が食べることへの興味を取り戻す可能性が大だ。手術を受けたあとはベビーフードも役に立つ——舐めやすいし、おいしいからだ。そういう猫を看病するときは優しくしてやることが何よりも重要だ。餌をやりながら励まし、話しかけよう。猫が残した餌は必ず新しいものと取り替えること。猫は腐敗した食べ物の匂いには非常に敏感で、すぐに食欲をなくしてしまう。

猫は牛乳が好きで、必要でさえある、と一般的には思われているが、よく考えてみればおそらくおわかりのように、成長した動物が自分とは違う種の動物の乳を飲むというのは非常に珍しいことだ。ほとんどの動物は、母親から乳離れしたあとにはこの栄養豊かな液体の恩恵をこうむることはまずない。そのため、乳離れしたあとは、胃の中で乳糖を分解する酵素は分泌されない。成猫になってから牛乳を飲んでも問題ない猫は多いが、なかには問題が起きる猫もいる――未消化の牛乳は大腸に入って発酵し、ガスと下痢の原因となるからだ。現在では、成猫には牛乳を与えないようにアドバイスする獣医が多い。バランスのとれた食事をしていれば、それ以上にカルシウムを摂る必要はないし、猫が飲むものとしては水で十分である。

外来者恐怖症――知らない人を怖がる

家の中で何か変化があっても特に問題ないのに、客が来ると非常に動揺する猫がいる。これは必ずしも、子猫のときにいろいろなタイプの人間に接しなかったことが原因とはかぎらない。誰か一人、とのほかうるさい、あるいは意地悪な客がいて、無意識のうちに猫に、将来それと同じことが起こるのを避けるためにさっさと逃げることを教えこんでしまった、という不幸な経験のせいかもしれない。

治療の第一段階は、猫が逃げ出したり、そういう状況を避けようとするのを防ぐことである。逃げてしまえば、猫が危険と感じることからは身を守れるかもしれないが、同時に、自分で状況に対処する術を身につける可能性がまったくなくなってしまうのだ。そこで来客中の短時間、猫が客から逃げないように、首輪や胴輪をつけても大丈夫な猫ならリードにつなぎ、そうでなければケージに入れて、客を通す場所（居間であることが多いが）に、客が到着する前に置いておく。治療に協力してくれる人は多ければ多いほどいいが、最初は猫が知っている人、たとえば家族の一員などを「客」として迎え入れる練習をする。客役の人は、鍵で玄関を開けずにドアベルを鳴らす。猫は最初、いつものように警戒して逃げ出そうとするが、ケージに入っているので逃げられない。客が入ってくると、それが家族の一員なのを見て猫はすぐに落ち着きを取り戻す。これを繰り返すと、猫は、ドアベルの音と、危険でない人の到着を関連づけるようになる。

その後、本当の客にこれと同じことをしてもらう。つまり、猫がいる部屋に、猫が慣れている家族と一緒に入って、猫から少し離れたところに、何もせずに座っていてもらうだけだ。猫が客の存在に段階的に慣れていくことが重要である。今度はケージが、これまでずっと避けてきた恐ろしい状況から猫を守る役割を果たすので、猫はすぐに落ち着く。

極端に臆病な猫の場合、この段階での症状の改善には時間がかかるが、獣医の指示に従ってヴァリウム［訳注：精神安定剤の商標名］を与えるなど、ちょっとした鎮静療法で猫の過剰反応をやわらげれば改善が早まることが多い。ただし、猫の許容力が薬に依存したものにならないように注意しなければならない。数日経ったら薬は徐々に減らし、猫が引き続き客に対する許容力を身につけ、薬に頼る程度が減っていくようにする。薬はあくまでも、こういう症状のある猫を問題と向きあわせるための道具である。薬を使っても使わなくても、できるだけたくさんの、さまざまなタイプの人に、適切な状況の中で会わせることで、猫は客がやってきて自分の縄張りの真ん中にいるのを当たり前のことと思うようになる。さらに重要なのは、客が自分の逃走距離内、つまり自分が逃げられる可能性のある距離よりも近いところにいるのを受け入れるようになることだ。

治療の次の段階では、もう少し強引度が増す。今度は客に、座っている位置を徐々に猫のケージに近づけてもらい、猫がその存在にさらに慣れるようにするのである。この段階の進行スピードは、猫がどこまで許容できるか次第だ。その客がそこにいても平気になるまで、客は猫に触ろうとしてはいけないし、話しかけてもいけない。そして猫がその段階に慣れたら、さらに強制的な手段をとる。猫には可哀想に聞こえるかもしれないが、次に来る客と自分のスペースを共有しなくてはならないときまで、最大一二時間、猫に餌を与えずにお腹を空かせておくのである。ケージの上からかがみこむと猫が警戒するので、客はケージのすぐ隣に座るようにして、格子の間から、おやつやお気に入りの食べ物のおいしいところをそっと猫に与える。食べ物は、優しい言葉よりもずっと速やかに猫との関係を強めてくれるのだ——ただし、飼い主も客も、餌をやると同時に猫にそっと話しかけて励ましてやるといい。その後、客が家にいる間中（あるいは客の忍耐力が続くかぎり）、餌を少しずつ何度も与える。そしてこの作業には、家族の他、できるだけたくさんの客が参加するのが望ましい。こうすれば猫は着実に自信をつけていくし、すべての客を、餌をくれるかもしれない人、そしてあとには可愛がってくれる人として見るようになっていく。

治療の最終段階では、猫をケージから出し、胴輪か首輪にリードをつけた状態で客を迎える。この前の段階と同じように、客に餌を差し出してもらい、それから優しくしっかりと猫を抱いて、猫が怖がらないとわかっている客のほうに猫を連れていく。猫が、客のなかにはいい人もいると学ぶ前のようなパニックに陥らないよう、ゆっくりと行うこと。猫が警戒したり逃げ出そうとする様子が見えたら、近づくのをもっとゆっくりにするか、そこでやめる。猫が客のところまで来たら、客にゆっくりなでてもらう。飼い主が猫をなでるのをやめ、なでているのが客だけになったらこの段階は終了である。客が猫を抱けるようになるのはまだずっと先だし、抱けるようになるかどうかもわからない——抱かれた猫はすっかり体を包まれて逃げることができないので、猫が完全にその人を信頼していなければ抱かせてはもらえないのだ。あなたの猫が、抱く、という栄誉を家族以外には許さないとしても、猫の大多数がそうなのである。

客が猫に触るときは、猫には見えない脇のほうから手を近づけるか、あるいは猫の正面から、猫に見え、受け入れられるように、ごくゆっくりと近づける。猫は近づいてくる手を、自分に攻撃をしかける猫の前足と同じようなものと考えるかもしれないので、本当にそっと近づけなければいけない。猫の前足には最大の武器である鋭い爪があり、そのため猫は、他の猫に前足でひっかかれるのを警戒するのと同じように、近づいてくる手を警戒するのだということを忘れないように。

猫の上から覆いかぶさって猫を不必要に怖がらせるより、客は猫と同じ高さから近づいたほうがいいかもしれない。床に這いつくばるのが行きすぎであると客が感じるようなら、ケージに入れた状態でも、リードをつけても、抱きかかえているのでもいいが、猫をテーブルの上に置いて顔の高さで近づくほうが、ぶざまな格好をせずにすむのでやりやすいかもしれない。もちろん、協力してくれる人の安全も大事なので、猫が自分の身を守るために前足を繰り出す可能性が少しでもあるときは、客が来るときにはまだ当分、ケージに入れておく必要があるだろう。

家具をひっかく

前述したように、猫が物を爪でひっかくのは、古くなった爪の外層を剝がし、新しくて鋭敏な爪を露出させるのだけが目的ではなく、縄張りにしるしをつけるという意味もある。家具をひっかくのもこのどちらか、あるいは両方が理由だ。このうち、爪をとぐという目的は、家具ではなく、それ専用の爪とぎに移行させることができる。カーペット素材で覆われている爪とぎを使うと、猫はますます家のカーペットで爪をとぐようになりかねないので避けるのが賢明だ。猫が今、爪をとぐのに使っている家具の前に専用爪とぎを置き、猫が爪とぎで爪をとぐようになったら家具から少し離して、家具に傷がつかず、猫が家具で爪をとぎたくならない距離まで移動させる。爪とぎは、猫が精一杯背伸びをして爪をとぐのに十分な高さがあること。この、高さがある、という点が、猫が家具で爪をとぎやすい理由であり、爪とぎの背が低すぎると、背の高い椅子の代替品としては猫を満足させられない。

第2章で説明したように、家具をひっかく目的が自分の匂いを残すことだとしたら、その猫は何かを不安に感じており、周囲に自分の匂いをつけることで安心しようとしているのかもしれない。この問題は、家の中で尿スプレーをしてしまう猫と同様の方法で対処するといい。尿スプレーもマーキング行動の一種で、それについては「尿スプレー」の項で説明する。

グルーミングの問題

長毛種の猫の多くはグルーミングしてやるのが難しく、猫は爪を出してグルーミングされるのを防ぐことをすぐに覚えてしまう。もちろん、子猫のうちに頻繁に優しくグルーミングしてやれば慣れる。飼い主はグルーミングを、戦いではなく、ポジティブな、嬉しい経験にしてやらなくてはいけない。猫が大好きなおやつを選び、指先に少し乗せて猫にやろう。猫が食べ物に集中し、指先を舐めている間に、もう片方の手で少々グルーミングしてやる。これをもう一度繰り返す。毛がもつれた塊があったら、先が丸くなったハサミを使って切り取るか、あまり硬く絡まっていないようなら、毛の付け根から毛先に向かってそっととかしてやる。これが気持ちのよい経験になるように、引っ張らないこと。ごくごくゆっくり、辛抱強くとかしてやることだ。猫がまだ食べ物に興味を示している間はこれを続け、猫が嫌がる様子が見えたらやめる。しばらく間を置いて、猫が落ち着いたら再開する。

グルーミングを、食べ物、暖かさ、褒め言葉、注目と関連づけさせることだ。あまりにもひどく毛がもつれているようなら、獣医に連れていき、麻酔をかけてもつれた毛の塊を切るか剃《そ》るかする必要があるかもしれない。その後、家に連れ帰ったら、たとえ毛を剃ってしまってあっても、食べ物を与えながらのグルーミングを始める。もつれた毛がないので、楽に、優しくグルーミングしてやることができる。こうして猫をグルーミングに慣らし、あなたが櫛（歯が細かくない金属製の櫛が一番よい）を取り出したら食べ物がもらえる、とワクワクするようにする。毛のもつれは、できてしまったのを取り除くより、できないようにするほうが楽だ。

他にどうしようもなければ、猫用の口輪を使うこともできる。これは、従来の犬用の口輪よりもむしろ、猛禽類を落ち着かせるためのフードやウマにつける遮眼革《しゃがんかく》に近く、やわらかい素材でできている。これをつけると猫はたいていおとなしくなり、テーブルの上で体を平たくして、触られたりグルーミングされたりするのを我慢するようになる。

これとは逆の、あまりにも熱心に自分をグルーミングしすぎるという問題のある猫は珍しいが、シャムなど神経質な猫種に比較的多い。とはいえ、他の猫種にも起こり得る問題ではある。猫は、被毛を清潔に保ち、防水性を保持するためにグルーミングするだけでなく、嫌なことがあったり、何かに動揺したときにもグルーミングする。そして、毛を舐め取ってしまったり、皮膚を傷つけてしまうことさえある。自主的にとるこの行動は、猫をよりリラックスさせると考えられている。時には、何に不安を感じているわけでもないのだが、何もしないのは退屈なので、気持ちよくてリラックスできるこの行動を続ける猫もいる。あるいは、たとえば飼い主や一緒に飼われている猫から引き離された場合など、たまにストレスを感じる状況があると散発的にこういう行動をとる猫もいる。こういう行動が継続する場合は、猫がその生活パターンからくるストレスに耐えられないか、周りの環境や生活をともにしている集団の中に、対処できないプレッシャーを感じている可能性がある。同じ家に飼われている別の猫と仲が悪いのが原因かもしれないし、一緒に暮らす猫が多いのが嫌なのかもしれない。これは、問題行動を起こしている猫を二〜三週間隔離して、この行動が続くかどうかを観察することでテストできる。もちろん、今度は隔離されたことそのもののストレスによって、はじめのうちは問題がより深刻になったとしても驚いてはいけない。治療には、ストレスの原因を見つけることが必須なのはいうまでもない。

好奇心

英語には「好奇心が猫を殺した」ということわざがあるが、それが本当になってしまうこともある。子猫は何にでも首をつっこみたがるからだ。新しく子猫を飼うことにしたら、小さな子どもが遊びにくるときと同じように、あなたの家の安全性を再点検しなくてはいけない。電気コードがすべて危なくないようになっていること、害を及ぼす恐れのある消毒薬、漂白剤、洗剤などが猫の届かないところにしまってあることを確認し、また、子猫が探検しているうちに外に出てしまわないよう、すべての窓が閉まっていることを確かめよう。棚には壊れやすいものを置かないこと――子猫は高いところが大のお気に入りだし、おそらくは棚の最上段まで跳び上がれるのだから。暖炉の煙突にも気をつけよう。子猫がこの暗いトンネルを登ろうとして身動きできなくなってしまったという事例はたくさんある。洗濯機の蓋を閉じ忘れて、子猫が洗濯物に紛れこんでいないかチェックするのも忘れずに。

子猫はすぐに大きくなり、好奇心が強すぎる時期は過ぎるが、はじめは注意したほうがいい。あちこちを探検していろいろなことを知れば知るほど、子猫はあなたがしていることを一緒にやりたがるようになる。子猫のときに退屈な日々を送り、刺激を受けることが少なかった猫は、成長しても物事に興味をもたず、日常的な出来事を怖がることさえある。だから、子猫の好奇心は上手に利用することだ。

攻撃性

猫が折に触れて攻撃的になるのは誰もが目撃する。ただし、遊んでいて興奮しすぎたときを除き、ありがたいことにその攻撃性が私たちに向けられることはめったにない。もちろん猫には、母なる自然に与えられた優れた武器一式が、頭部にも、そして四肢にも備わっているが、相手に傷を負わせるためのこの武器は、猫が捕食動物として生き残るために発達した部分が大きい。だがそもそも、攻撃性とはいったい何なのだろう? それは、動物が生きるために獲物を捕らえて殺す、捕食、という形でのみ表現されるものではない。縄張り争いやその他の資源をめぐる対立や、自己防衛などの社会的な状況は、攻撃性が表出する場面のほんの一部だ。攻撃性とは、敵意のある、肉体的な危害を加える攻撃のことをいう。

人間に対する攻撃性

猫が人間に対して攻撃的になることはまれだが、ほとんどの人は、アメリカでは「petting and《ペッティング・アンド・》 biting《バイティング》症候群」と呼ぶ現象［訳注：日本語では「愛撫誘発性攻撃行動」］、つまり猫をなでているときに咬まれた経験があるのではないかと思う。これは多くの猫がすることで、ほんの短い時間かまっていただけで咬まれることもあれば、長いこと愛情たっぷりになでていたら、突然猫がその手に咬みつく、ということもある。この理由は次のように考えられている。つまり、こうやって猫が人にかまわれるのを嫌がらないときは、母猫に対する子猫のようにふるまっている。守られ、注目されるのが嬉しくてリラックスしているのだ。と突然、成猫の部分が――自立し、自分の意志をもった捕食動物としての一面がそれに取って代わり、こうして身動きが自由にならない態勢が無防備に感じられるのである。すると猫は、自分の身を守るための攻撃性を見せて襲いかかり、咬んだり、時には蹴ったりして、それから（たいていの場合）飼い主の膝から飛び下りて少し離れたところまで行き、安全な逃走距離を確保し、リラックスのために少々グルーミングして、混乱した状態から落ち着こうとするのである。

こういう望ましくない行動に対処するためには、猫が混乱した状態になりそうなタイミングを見きわめること、そして、そういう状態に至らないように、猫とのコンタクトを、頻繁だが短い時間にしておくことだ。なでてやる時間は徐々に長くできる。そしてその間、お腹や後ろ脚の周辺など、敏感な部分には触れないことが重要で、なでるのは背中と頭だけにしておくほうが賢明な場合もある。

第5章で、猫にははっきりとした、遺伝子によって決定づけられる二種類の性格があることを示す調査について紹介した。他者とのコンタクトの要求度が高く、人間になつく可能性が高いタイプと、他者と競いあったり獲物を捕らえる行為を必要とし、親密な社会的関係の要求度が低いタイプである。後者は、自分に主導権があるときには、友好的・社会的な交流を受け入れるが、飼い主が抱いたりなでたりしようとして追いかけると、嫌がるし、自分の身を守るために攻撃的になったりすることさえあるかもしれない。だが、いずれの性格であったとしても、挑発もされないのに飼い主に対して攻撃的になることは非常にまれである。

猫同士の攻撃性

猫社会は犬ほど階層的ではないが、たとえば縄張りをめぐって対立するライバルを庭でにらみつけ、シャーッと威嚇してみたり、一緒に飼われている猫とお気に入りの寝場所や餌を取りあって争うときなどには、犬と同様に敵対意識を剥き出しにした行動をとる。猫の集団における序列は非常に融通がきき、猫によって社交性の程度はまちまちだ。大きな集団で暮らすことに満足する猫もいれば、自分以外の猫は我慢できないという猫もいる。幸運なことに、ほとんどの猫は、自分と同じ家に一匹か二匹他の猫が飼われていることくらいは許容できるし、ボディーランゲージや、必要に応じて闘争的な態度をとることで守られる緩い序列を形成し、そうやって確立した序列を受け入れることができる。

ときどき、理由がはっきりしないままに二匹の猫の間の関係が崩壊することがある。もともとは仲がよかったのならば関係の修復はしやすいが、そもそもお互いの存在をいやいや我慢していたのだとしたらそうはいかない。集団生活が基本の犬と違い、猫はあるグループの一員であることを必要としない——協力によって得ることは何もないのだ。したがって、仲良くしない、と猫が決めたなら、猫の気を変えさせるのは容易ではない。仲の悪い猫が一緒にいる場をつくるため、餌を与える頻度を増やし、少しずつ、ただし別々のボウルで与えて、そのボウルの距離をだんだん近づけてみよう。食べ物がうまく二匹の気をそらして、同じ空間を共有するのを助けてくれる。ただしこれは、時間もかかるし慎重にやらなければならない。

お互いを受け入れている猫がいる家では、新しい猫が増えたり、若いほうの猫が青年期を迎え、他の猫に対する競争心がより強くなることで問題が起きるケースが一番多い。そういう場合にうまく問題を解決できるかどうかは、猫の基本的な性格と、猫の集団の中で社会的な動物として暮らした経験の有無、と同時に、去勢されているかどうか、他の猫と比べて支配傾向が強いかどうかなどにかかっている。

たとえば、五歳になる、避妊手術を受けたシールポイント［訳注：猫の体の末端の濃い色をポイントカラーといい、シールポイントはポイントの色がシール（あざらし）のような黒褐色の場合のこと。シャムやラグドールに多く見られる］のメスのシャムと、その子どもで、三歳半になる去勢されたオス猫の例がある。二匹はけんかしたこともなく、いつも一緒に遊び、眠り、仲良く一緒に餌も食べた。ところがある日、その家の主人が誤ってメス猫の尻尾を踏んでしまった。メス猫は当然、痛みに声をあげたが、続いて自分の息子を猛烈に攻撃しはじめた。もちろん息子は非常に怯え、飼い主が数時間二匹を引き離して落ち着かせようとしたが、メス猫はその後数日間、二匹を一緒にしようとするたびにオス猫を攻撃し続けた。これは、たった一度の衝撃的な出来事がきっかけで、社会的な関係が根こそぎ崩れてしまった例だ。

これと似た例で、こちらは通常完全な家猫として飼われているバーミーズの場合だが、ともに去勢されている二匹のオス猫の関係が崩壊したのは、片方が家から逃げ出して二日間外で過ごしたときのことだった。戻ってきたオス猫がまるで別の新顔のように思われてそのように扱われたという可能性もあるが、おそらくは、彼はおなじみの自分の匂いの他に、別の、厄介な匂いをつけて戻ってきたのだ。他にも、必ずしもこうした「矛先を別に向ける」タイプの攻撃性とはかぎらないが、特定の音——たいていは、ある特定の波長の高音が突然起きる場合——が引き金となることもある。

いがみあう猫を仲良くさせるのは決して容易ではなく、時間もかかる。が、きちんと管理しながら、はじめに一匹をケージに入れ、次にもう片方を入れるという方法で状況は改善できる。まず、攻撃するほうの猫をケージに入れ、攻撃されるほうの猫は自由に歩きまわれるようにして、恐れている猫が自分に手出しできないという状況に慣れさせる。同じ空間を共有する、というのが大事なはじめの一歩なのだ。攻撃される側の猫が落ち着いたら、立場を逆にする。攻撃的な猫が飛びかかろうとしても、相手はケージに守られているので当然攻撃は失敗する。ここでの目的は、攻撃の悪循環を断ち、同じ空間を仲良く共有することに対して褒美を与えることだ。猫は相手を許容することを再び学び、もっと落ち着いて、以前は仲のよかったケージの中の友に近づき、ケージ越しにその匂いを嗅ごうとする。さらに、飼い主がマタタビ液をつけたブラシで二匹をブラッシングしてやれば、二匹が共有する匂いが再構築され、互いに惹かれあうようになるのでこのプロセスの助けになる（ただし、マタタビはすべての猫に効果があるわけではない）。

二匹の猫の間に再び許容関係ができたら、あとは順調に進む。次のステップは、二匹が一日に食べる餌を小分けにして、二匹が一緒にいるときにだけ与えることで、二匹の距離を縮めることである。ただし一匹はケージの中で、もう一匹はその横で食べさせる。食べ物は、空腹だったり攻撃的だったり興奮している猫の気をそらすのに役立つ。ケージの外で二匹を一緒にする場合は必ず飼い主の監視のもと、胴輪とリードをつけた状態で会わせるのがよいだろう。二匹が自由に顔を合わせられるようにするのはまだ先の話だし、それができるようになってからも、飼い主はその後何週間もの間、慎重に監視しなくてはならない。二匹を会わせるのはごく短時間にする――なぜならば、まずは二匹間の挨拶行動を確立させなければならないからだ。長時間一緒にするのはもっとあとにすべきである。以前仲のよかった猫同士を元通り仲良くさせるのは、ずっと前から飼われている猫がいるところに新しい猫が加わる場合よりも、おそらくはずっと時間がかかる。これは猫の性格とは無関係だ。人間と犬の関係が壊れてしまった場合もそうだが、それを回復させるための、しっかりと確立した方法はないかもしれない。とにかく、論理的に思われることを片端から試し、辛抱強く時間をかけることだ。それでもだめなら、どちらかの猫に別の家庭を探してやり、二匹が二度と顔を合わせないようにするのが、誰にとってもよりよく、思いやりのある解決法かもしれない。

子どもっぽい行動

猫が私たちといるときにリラックスして子猫のようにふるまう、というのは、まさに猫を飼うのが楽しい理由だが、それが心配の種になる飼い主もいる。猫によっては、いつまで経っても成長し、自立しないものがいるのだ。ペットとして飼われる猫のほとんどは、子猫と成猫のモードをスムーズに行ったり来たりし、飼い主といるときは子猫のようだが、外に出れば熟練した孤独な狩人となる。ただし、なかには飼い主にべったりで、子猫のときのようにおしゃぶりしたりフミフミしたりして、飼い主なしではいられない猫がいるのである。最初のうちはあなたも、子猫がよだれを垂らしたり、あなたの首に吸いついたりするのが嬉しいかもしれない。だがあまり強く吸いすぎて首に赤く痕がついたりすれば、腹立たしいし、きまり悪い思いもする。これは猫の飼い主にとって、やめさせるのが一番難しい猫の性癖の一つだ——なぜならおしゃぶりをやめさせるには、猫を遠ざけなくてはならないのだから。飼い主は、自分が「ひどいこと」をしているのではないかと心配し、猫を遠ざけることに罪の意識を感じる。だが実際、他に方法はない。母猫とて、子猫が外の世界で生きていけるよう、自立をうながさなくてはならないのである。

猫の飼い主は、猫の要求に何でもかんでも応えないようにしないといけない。これは猫に対する愛情と注目を減らすという意味ではなく、単に、愛情と注目を与える主導権は飼い主にあるべきで、猫の言いなりになってはいけない、ということだ。猫はまもなく自立し、これまでよりも大人っぽい関係をもてるようになる。ただし、時には（程度は軽くても）逆戻りして、猫ならみなそうするように、赤ん坊返りすることがあるかもしれないが。

子猫——子猫はいつ大人になるのか？

小さいときの猫は可愛い——子猫のふるまいは愛さずにはいられない。だが子猫はあっという間に大きくなり、生後六週間から八週間経った頃は、人間の子どもでいえば一歳半にあたる。猫が一歳になれば、人間なら一五歳のティーンエージャーと同等と考えていい。このたとえは当たっている——猫はこの頃までには最初の発情期を迎えている可能性が高く、去勢されなければ子どもを作ることができるのだ。

猫が二歳になると、人間の二四歳にあたると考えられ、その後は一年ごとに、人間の四歳分年をとる。猫の平均寿命は一二年で、人間でいうと六四歳だ。二〇歳（人間の九六歳）まで生きる猫も珍しくはない。この数え方のほうが、一般的に使われている、一年が人間の七歳という数え方よりも正確である。

じゃれる

子猫は何にでもじゃれたがるが、特に、動くものには目がない。子猫がじゃれるのは主に、反射神経を磨き、獲物をつけ狙い、飛びかかって殺す、という狩猟の腕を上達させるのが目的ではあるのだが、それにしても見ていて楽しい。子猫にとって最高のおもちゃは、追いかけることができるものだ。ピンポン玉、紐、紙をくしゃくしゃにして硬く丸めたものなどは、安上がりだが店で売っているどんなおもちゃにも劣らない。新聞紙で作った「テント」、スーパーの紙袋、段ボール箱などは大好きで、喜んで飛びこんで遊ぶ。ほとんどの猫は大人になってもこうして遊ぶし、完全な家猫の場合は特に、常におもちゃは切らさないようにして、猫の興味と注意力を維持させてやる必要がある。猫が齧って壊せるおもちゃには気をつけよう——その一部を猫が飲みこんでしまうと、取り出すのに手術が必要になる場合があるからだ。

新入り

自分が飼われている家に新しく猫が増えるのを、ほとんどの猫はさしたる問題もなく受け入れる。子猫のときにさまざまな人や動物と接触していれば、大きくなってから自分以外の動物と関係を形成するのに必要な社会的言語が身につき、それは生涯失われないのだ。そういう経験を子猫時代にしなかった猫は、のちに他の猫との関係づくりがうまくいかず、よそよそしく、かろうじて相手を我慢する、という関係をもってくれるのがせいぜいで、暖炉の火の前でくっついて丸くなるといった仲良しになることは望めないかもしれない。だがそれとは別に、飼い猫を増やすにあたってあなたがコントロールできることがある——二匹を最初にどうやって会わせるかだ。第一印象はその後ずっと続く場合があるので、段階をふみながら会わせることが大切である。

匂いは非常に重要な要素なので、一匹の猫をなで、それからもう一方の猫をなでて二匹の匂いを混ぜてやるとよい。二匹を会わせる前に、数日間これを行う。新入りの猫を、すでに飼っている猫や、家族の日常的な活動に計画的に慣らしていき、猫が新しい状況に対応しようとしている間に怖い目に遭わないようにすることが大切だ。そのためには、最初の二日間くらい、人が見ていないときは新入りの猫を室内用のケージに入れておくか、それができなければ、キャリーバッグに入れたままで他の猫に会わせることだ。自分の「隠れ家」の格子に守られた中で、猫は外を眺め、自分がこれから誰と暮らし、彼らがどんなふうに行動するのかを観察することができる。こうして猫を閉じこめておけば、パニックを起こして逃げ出し、それにつられて他の猫や犬があとを追う、といった事態を防げるし、状況をできるだけ穏やかなものにしておける。また、先に飼われているペットや小さな子どもが近づいて、時として乱暴な挨拶をしようとしても、中の猫は安全だ。ケージは、居間や台所など人が頻繁に行き来する場所に置いて、中の猫が家の中で起きていることの一部となり、その音やリズムに慣れられるようにする。

猫同士が初めて顔を合わせるときは、多少の「罵りあい」があるかもしれないが、ひるまないこと。興奮したり追いかけあったりするのが手に負えないくらいエスカレートしないように注意すれば、すべてはまもなく落ち着きを取り戻す。ケージの中の新入り猫が餌を食べるのと同時に、先輩猫にケージの外で餌をやるようにすると、二匹が徐々に仲良くなるのに役立つ。同じ部屋の中で二匹がともに食べ、リラックスできる段階まできたら、慎重に二匹をケージの外で会わせよう。新入りが子猫なら、先輩猫はライバルと見なさないので普通問題は起こらない。新入りの年齢がもう少し上だと少々根気が必要かもしれないが、その場合も、ケージから出して顔合わせをさせる最初の数回は、食べ物を与えて二匹の気を散らすとよい。

新入り猫を頻繁にケージから出して、他の猫がいないところで部屋を探検させたり遊ばせたりしよう。少しずつ、確実に、一つの部屋の中で自由に動ける時間を増やしていき、他のペットがこの「侵略者」を許容できるようになった様子が見えたら接触するのを許してやる。それから、一部屋ずつ、家の残りの部分にも入ることを許す。ただし最初の一、二回は付き添って、問題なく家全体の間取りを覚えられるようにしてやろう。必ず各部屋に、逃げる際の通り道や家具の下などの隠れ場所、何かを警戒したときに跳び上がれる高い位置の安全地帯を作ること。もしもあなたが詮索好きな犬を飼っているなら、これは特に重要な点だ。新入り猫がすっかり落ち着いて、他のペットとの接触を見張っている必要がなくなったら、ケージを普通のやわらかな猫ベッドに替えてやろう。

神経症と恐怖症

動物はみなそうだが、猫もまた、試練に立ち向かい、命を脅かすような危険から身を守る能力を生来もっている。そういうときの行動は、普段の行動パターンとはすぐに見分けがつく。驚いたときの反応は遺伝子に組みこまれたもので、子猫ですら、大きな音や突然の慣れない出来事に驚くと、背中を弓なりに丸め、毛を逆立て、耳を平らにする。哺乳動物の大多数がそうであるように、猫も生後すぐの数週間は、びっくりすることがあると、すでに母猫が助けに入ってくれていなければ、母猫のところに一目散に走っていって助けを求める。やがて子猫はだんだんと、よく遭遇する音や出来事には慣れていく。そうした出来事のあとに、危害を加えられたり痛い思いをすることが起きなければなおさらだ。つまり、子猫は成長とともに、ほとんどの出来事には適応し、へいちゃらになるのである。そして、猫なりの人生経験を積むうちに、ほとんどの猫は、ペットとしてふさわしく、よりしっかりとして、自信をつけていく。

だがそうでない猫にとっては、生きるとは恐ろしいことの連続だ。そういう猫は、部屋の暗い片隅やソファの後ろに隠れてあらゆる試練を避けようとし、ほんの小さな音や動きも逃げる原因になる。自分が怖がっているものと向きあおうとは決してしないので、些細な出来事にすら対処できるようにならない。臆病な猫はかがみこむようにして歩き、尻尾を低く垂らし、テーブルの下や部屋の隅などの安全な場所に向かって、ゆっくりと低い姿勢で動く。そこから背を丸くかがめたまま、恐怖に瞳孔の大きく開いた目で、自分に注目が集まらないようにしながらこちらの様子をうかがう。安全な隠れ場所を見つけたら、問題に直面することは徹底的に避けて、脅威が過ぎ去ることを願いながらじっと待つのである。不安になると何かの下に潜りこんで身を隠す猫もいる――例の、現実から逃避するために砂の中に頭をつっこむダチョウの行動に似ている。また、周囲との交流を断ち、家の中の広いスペースにはいっこうに出てこない猫もいる。いずれにせよ、猫が困っているのは明らかだ。そしてそれを見ている飼い主もつらい――日常的なごく普通の出来事に対して猫がそんなふうに反応し、生きることを楽しめないどころか、生きる意欲さえ見せないとなればなおさらだ。猫が不幸せなのが明らかでも、そういうときの猫をなぐさめてやるのは難しく、かえってますます猫を怖がらせてしまう——なぜならそれは猫に注目することになるし、私たちは猫を楽にしてやろうとしているのだということが、当の猫にはいつまで経ってもわからないだろうからだ。やりすぎれば、猫は追いつめられて逃げ場を失い、最後のあがきとして襲いかかってくるかもしれない。そしてその結果、猫の神経質ぶりはますますひどくなる。こういう猫は明らかに、生きることを最大限に楽しんでいるとはいえず、放っておけば問題は徐々に悪化していく。

経験の浅い、だめな母猫に育てられた子猫は、子猫自身、変化にうまく対応できないことが多い。生まれてすぐの数週間にいろいろな試練を体験しなかった子猫も同様だ。猫が何に対しても臆病な様子を見せる場合、それが理由であることが多い。つまり、子猫のときに多様な経験をしなかったので、成猫になってから次々にやってくる試練を乗り越えられないのだ。だが、きちんと制御された安全な経験を改めて猫にさせることで、そうした出来事への対処の仕方を学びなおす機会を与えてやれば、子猫のときの経験の欠落を補うことはできる。とはいえ、そういう猫が完全に問題のない、「普通の」猫になれることはめったにない。子猫のときに教わらなければ本当には慣れないこともあるのだ。たとえば、子犬、あるいは成犬でもいいが、犬と一緒に育てられた子猫は、大人になってから、犬が遊びたくて近づいてきても怯えた反応を見せることはめったにない。だがこれとは対照的に、犬と遊んだ経験のない成猫は、そんなふうに近づいてくる犬に対してリラックスしていられる可能性は低く、素早く逃げてしまうのが普通だ。成猫になってから犬と一緒に暮らせるようになる猫もいるが、そのためには飼い主がとてつもなく辛抱強くなければならない。ほとんどの場合、猫は犬をしぶしぶ許容できるようになるのがせいぜいで、犬と交流したり一緒に遊んだりするようになることはまれである。

だが、安全な避難場所を新しく用意し（中で遊べる大きめのケージが理想的）、家の中で最も人がいることの多い部屋に置いてやると、神経質な猫が自信を取り戻すことも多い。こうすれば、猫の周りではいつも通りの家庭生活が展開するが、猫の体はケージに守られている。一番重要なのは、猫もまた、家族に起きる変化、見知らぬ人の訪問、テレビの音、周りの家具が動く音といった試練から逃げ出し、それらを避けることができない、という点だ。そこで猫はそれらの問題と直面し、何が起こっているのか、解釈しなければならなくなる。要するに猫は「胎内」にいるのと同じだ——暖かく、危険から守られ、食べ物、水、トイレなど生命維持に必要なものがすべて揃っているのである。ただしそれと同時に猫は、それまでは怯えて逃げ出していたことのすべてに慣れなくてはならない。

症状がひどければ、投薬治療で改善する場合もある。それにより、猫はパニックを起こさずに学習することができる。もちろん、投薬による治療は獣医の指示のもとで行わなければならない。

広場恐怖症

広場恐怖症とは、広い場所に出ることを異常に恐れることである。広場とは戸外を意味する場合もあるが、部屋の中で空いているスペースである場合もある。幸いなことに、猫では非常にまれな症状だ。

これは、生後の早い時期に屋外に出ることがなかったり、外に出るのが遅すぎて、離乳後の、子猫が未知の世界を探検する時期を逃してしまったのが原因で起こることがある。また多くの場合、広場恐怖症の猫は、何か一つ非常に嫌な出来事がトラウマとなって自信をなくし、外に出たがらなくなる。たとえば、非常に縄張り意識が強く、家にまで入ってきかねない近所のライバル猫とのけんかである。その他、家の増築やガレージ新設の際に家への出入り口が通れなくなってしまったり、庭でたまたま徘徊中の犬に遭遇したり、高速で走る車に危うくぶつかりそうになったり、といったことが原因になることもある。猫は外に出たくても、ライバル猫に遭遇するかもしれず、外に出たいという気持ちがどんどん失せていく。そのうちに、たとえそこにライバル猫がいなくても、木の葉がカサカサいう音や車の音など、戸外のほんの些細な変化にさえも対処することができなくなる。重症の猫はどんな場合でも同じようにふるまい、他の猫など影も形も見えない、問題のない日でも同様である。無理やり外に出せば動転し、以前は楽しんでいた戸外の生活ははるか遠いものになってしまう。

広場恐怖症の猫の治療は、他の形で表れる神経症の治療とあまり変わらない。つまり、きちんと管理した形で外の世界に接する過程を通して、刺激に対する系統的脱感作《だつかんさ》［訳注：行動療法の一技法で、脱感作と呼ばれるリラクセーションを用いて、非常に弱い刺激から徐々に段階をふんで不安の対象となるものに慣らしていく方法］を行うのである。携帯用のケージを使ってもいいいし、大きくてしっかりした檻を作り、猫が一日数時間、戸外で安全に過ごせるようにできればもっといい。こうした治療は普通、問題の根本原因が取り除かれてから行うのが一番よい。たとえば家の工事が終わるのを待つとか、横暴なライバル猫とのさらなる衝突を防ぐため、その飼い主との間に、どちらの猫をいつ戸外に出すかについての合意を取りつけてから、という場合もある。そういう状況が整ったら、猫を再び外に出して、恐ろしい出来事が起きる前と同じように戸外は安全であること、風に乗って聞こえてくる音のすべてを怖がる必要はないことをもう一度学習させる。飼い主や協力してくれる友人は、最初の数回は庭に出た猫に付き添って、猫を元気づけるよう声をかけてやるといい。餌を少量ずつに分けて頻繁に与え、餌をやる場所を戸外に置いた檻の中にしたり、さらにその後、猫が出入りする裏口のドアのすぐ横に置いたりするのも役に立つ場合がある。広場恐怖症の猫の治療はうまくいく場合が多いが、それは、問題の原因となったものをどこまで管理できるかにかかっている。

家庭用電化製品を怖がる犬や猫は多く、彼らから見ると掃除機はとても恐ろしいものであるに違いない。掃除機をかけたり他の方法で掃除をするときの音や唐突な動き、またそれに伴う研磨剤などの匂いは、たしかに、神経質な猫にとっては嫌なものだろう。そういう猫の治療もまた、前述した方法で、日常的に頻繁に起きるこうした出来事に対する脱感作を行う。

食べる——奇妙な食習慣

猫は完全な肉食動物だ。肉を食べないわけにはいかず、普通は肉以外にはあまり興味を示さない。たまにケーキやチーズ、チョコレートさえ食べる猫もなかにはいるが、メイン料理の付けあわせとして、もっと奇妙なものを食べたがる猫もいる。

布

一部の猫がなぜ、ウールその他の繊維を食べたがるのか、あるいは食べる必要があるのかはわかっていない。だが、彼らがそういうものを食べるのは間違いなく、穴の開いた洋服、カーペット、家具のカバーなどを持っている猫の飼い主が証言するところである。猫のこうした行動は一九五〇年代には記録されていたが、それはシャムのなかでも特定の血統にかぎったことと考えられていた。だがこの問題について、猫の行動学者、ピーター・ネヴィルが行った調査によると、この行動はもっと広く散見され、シャム、バーミーズ、普通の雑種を含む混血種にもそれが見られたのである。

布を食べる猫のなかには、ウールしか食べないものがいて、その場合、この行動の引き金となるのはその匂いまたは質感であると思われる。だが大部分の猫はウール以外にも食欲を見せ、ウール、木綿、化学繊維まで、あらゆる種類の布を食べる。特に人気があるのは、できれば着古された洋服、シーツやタオルである。

布を食べているときの猫はそれにすっかり夢中で、時にはトランス状態に見えることもある。シッという声を出したり大声で叱りつけたり、水をかけたりすれば、猫はいったんはそれをやめるかもしれないが、すぐにまた食べはじめるか、もっと邪魔の入らないところで別の布を探しはじめる。たいていの場合、猫は犬歯と門歯でウールを嚙み切るが、いったん口いっぱいに布を齧り取ると、口の奥にある臼歯で咀嚼しはじめる。猫によっては驚くほどの量の布を食べる。普通は猫に何の害も及ぼさず、消化もされずに猫の体の中を通過することを考えると、その量はますます驚きである。残念ながら、胃やもっと下の消化器官が詰まってしまう猫もなかにはいて、可哀想に、そのことによる傷のせいで安楽死させなくてはならない場合もある。そうかと思えば、毎日ウールその他の布地を食べながら、何の影響もなく、元気に長生きする猫もいるのである。

なかには、何万円分もの服を食べてしまった猫や、何十万円分もの家具の布地をだめにしてしまった猫もいた。調査の回答から推定すると、布地を食べる猫一匹につき、平均一三六ポンド［訳注：二〇一四年五月の為替レートで約二万三〇〇〇円］の損害があった。調査に回答を寄せたこれらの飼い主のほとんどは、この問題にも耐えることを覚え、犯人である猫を手放そうなどとは夢にも思わないし、将来的に、同じ猫種を飼うこともためらわない、と答えた。

布を食べる習慣がどこからきているかだが、一説によれば、人間の子どもが毛布をしゃぶるのと同様に、昔から感受性が強いとされる猫種の猫が、飼い主に大事にされ、甘やかされた場合に、幼児期の行動特性が継続することと関係があるとされる。

飼い主が留守のときにだけウールその他の布地を食べ、飼い主がいるときにはまとわりつく、依存性の強い猫に対する一番の対処法は、猫の精神的な成長を助け、飼い主に見せる子どもじみた行動を大人っぽい行動に置き換えるよう仕向けて、可愛がるのは飼い主がそうしたいときだけにし、それも一回の時間を短くすることだ。こういう猫は、可能ならば外に出してやり、もっといろいろな刺激を受けて、飼い主と家がその猫の生活に占める重要度を軽減し、飼い主への依存度が低くなるように手助けしてやるといい。そうやって問題が解決することも多いように見える――ただし、代わりに隣人の家や干した洗濯物から布地を調達していないかどうかは何ともいえないが。食べられる布はすべて、できるだけ猫の手の届かないところに置くようにしておくと、そうやって布が数週間手に入らないだけでその習慣がやむことがある。猫がまさに布を食べている最中に水鉄砲で水を浴びせるという直接的かつネガティブな条件づけが功を奏する場合もあるが、この方法を使うと、猫がこっそり隠れて布を食べるようになるだけのことも多い。齧り防止剤を塗ったタオルを罠としてわざわざ置いておく、という間接的な方法は目覚ましい効果があり、猫はどんな布だろうと二度と食べなくなるが、どういう防止剤を使うかが成否を分ける。昔から使われてきた、胡椒、マスタード、唐辛子、またはカレーペーストなどはどれも役に立たず、猫が普段からもっと異国情緒のあるものを食べたがるようになるだけだ。メントールやユーカリの精油などの芳香族化合物のほうが効果はあるようで、熱心に布を食べていたのをやめた猫もいるが、その使い方には気をつけなくてはならない。

だが、この問題を解決できる可能性が最も高いのは、食べ物の管理であるようだ。布を食べる猫のほとんどは、ちゃんとした餌を、ごく普通に、かつ健康的に摂取しており、ナイロンのセーターやウールのスカーフがお腹を占領していても食欲は落ちない。普段与えている餌の他に、常にドライキャットフードが食べられるように置いておけば、布を食べたいという欲求の矛先はもっと栄養のある標的に向けられるし、それによって体重が増えることもないようだ。ほとんどの猫は一日中ドライフードをおやつにし、その分、いつもの餌の時間に食べる量を自分で減らすのである。時には、決まった時間に餌を与えるのをいっさいやめて、代わりに、ドライフードが決してなくならないように置いておくのも効果がある。

常にお腹に食べ物があって胃が活動していれば布を食べる必要がなくなるとしたら、それは、食事の摂り方が変わったということよりも、お腹に食べ物がある、という、気持ちがよくて安心できる感覚のおかげかもしれない。そう考えると、普通の缶詰の餌に食物繊維を加えると猫が布を食べるのを防げるのもうなずける。食物繊維によって餌のかさが増し、食べ物が猫の消化器官を通過するのにかかる時間が延びるからである。ふすまなどの食物繊維を普段の餌に混ぜればある程度のかさ増しはできるが、その割合があまり高くなるとほとんどの猫は食べなくなる。代わりに、細かく刻んだ少しばかりの無染色のウールやティッシュペーパーなどを餌に混ぜるほうが猫は嫌がらないかもしれない。たしかにこれは一種の妥協だが、洋服ダンスの服の中から好きなものを猫に選ばせるよりはずっと安あがりだ。なかには、猫が見境なく布を食べてしまうのを防ぐために、夕食時にタオルかスカーフを齧らせてやる飼い主もいる。猫は二口三口餌を食べるとタオルの一部を齧って飲みこむのである。何とも奇妙な光景ではあるが、これが非常に効果的な場合もあるのだ。

布を食べる猫によっては、食事にどのくらい時間をかけるかが、餌の時間以外に布を食べる頻度と量に影響するようだ。野良猫の場合は、まず獲物をつけ狙い、捕獲し、取り押さえ、殺してからでなくては食べることができない。しかも、まず毛皮や羽を嚙み砕いたり裂いたりしなければ肉に到達できないので、食べること自体にも時間がかかる。飼い猫の場合は、餌を食べるためにこうした血みどろの過程を経る必要はないわけだが、餌を食べて消化することにもっと時間をかけるように仕向けるのは有益かもしれない。布を食べる猫のなかに、お皿に乗っているやわらかな肉よりも、筋だらけの肉や、大きな骨にくっついている消化しにくい腱などを噛むのに長い時間をかけるものがいるのはまさにこの例であるようだ。

植物

ほとんどの猫は、私たちが気づいている以上にたくさんの草を食べている。おそらくはそれが、ビタミン、ミネラル、食物繊維の手っ取り早い供給源だからだ。草を、先に食べた餌の一部と一緒に吐いたり、あるいは草だけを吐く猫がいる。これは、自分で寄生虫を駆除したり毛玉を吐き出すための方法と考えられている。一般に猫は、食べるものについては細心の注意を払う。猫の多くは庭や家の近所を自由に動きまわるが、毒のある植物を食べることはまずない。だが、完全な家猫、特に好奇心の強い子猫は、植物を食べる必要性から、あるいは単に退屈だったり好奇心にかられて、室内用鉢植え植物を齧ってみることがあるかもしれない。家猫には、猫草を種から育てて食べられるようにしてやり、観葉植物を食べないようにするべきである。猫草はペットショップで売っており、他の室内用鉢植え植物より猫にとって魅力的なので、猫は率先して食べる。あなたの猫が完全な家猫だったり、一日のうちの一部は外に出られずに過ごす場合、植物を齧るのが好きならば、家の中に毒のある植物がないことをしっかり確かめよう。

その他の不思議な食べ物

電気ケーブルを齧るという、自分で自分の首を絞めるような行為は、猫にとって致命傷になる可能性があるのはもちろん、家にとっても危険だし、いっそう不可解である。もちろん、どんなことをしてでもやめさせなくてはならない。さまざまなおもちゃにマタタビを加えるなどして、室内で遊びやすくしたり、家の外で過ごす時間を増やすなどすれば猫の気をそらす助けになるかもしれない。ケーブルはできるだけ猫が届かないようにし、ワイヤーの類いにはユーカリの精油を塗るなどしてできるだけ猫が嫌がるようにしよう。そして、使わない電気機器は電源を抜いておくことだ。

注目の要求

なかには、あまりにも要求が多くてイライラさせる猫がいる。気が変わりやすかったり、次から次へととめどなく要求したり、外に出せと言ったかと思うと次の瞬間には家に入れろと要求したりするのである。単に屋外に慣れていないせいである場合もあるだろうが、通常猫がそういうふうにふるまうときは、呼べば飼い主がすぐに現れてそこにいてくれるし、実際に触ったりなでたりしてくれる、ということを学習したからだ。猫の視点から見ると、独りでいるより飼い主がそばにいたほうが、外に出ようか出まいかという葛藤が解消されたり、何かを不安に思っていた場合はたちまち安心できたりするのである。猫がとても無防備に感じる可能性が高いのは夜間だが、鳴けば起きるように飼い主を訓練してしまえば、猫はもう安心だ。無理もないことではあるが、あなたに鳴き声を我慢する気がなく、覚えてしまったことを忘れさせたいのなら、猫が鳴いてもその要求を聞き入れてはいけない。耐えられるなら、我慢しよう（寝る前に一杯飲めば、運がよければ鳴き声にも目が覚めないかもしれない）。あるいは寝室で猫があなたと一緒に寝るのを許してもいいが、おそらくは一晩中寝かせてもらえないか、少なくとも早朝から、起きて朝ご飯をくれと要求されることだろう。

トイレの問題

猫のきれい好きは有名で、子猫でさえ、尿意を催すと本能的にトイレに向かうように見える。新しく猫を飼うことになったら、最初の数日間はトイレをケージの中か、寝床から遠くない、けれども餌を与える場所からは十分に離れたところに置くと楽だ。もらわれてくる前に使っていたのと同じ猫砂を使おう。トイレがあまりにも汚れていれば猫はそれを使いたがらないが、慌てて掃除をする必要はない。一日一回、あるいは二日に一回掃除してやれば、猫は自分の匂いとトイレを結びつけて覚え、それを自分のトイレと認識するようになる。

子猫が成長して必要な予防接種を終え、外に出ることを許されるようになったら、排泄はすべて庭に移すべきだ。この移行過程を手伝ってやるには、猫砂に少々土を混ぜたり、毎日少しずつトイレを戸外に近いところに移動してやる。たとえば、まず出入り口のドアに近いところに動かし、それからドアの外の階段の上、というようにして、今度から屋内は「トイレにしてはいけない場所」なのだということをはっきりさせる。猫が外に出た最初の数日は、猫砂と土の混ざった物を庭の適当なところにあけて、庭が新しいトイレであることをわからせる。病気の猫や、天気が悪いと外に出たがらない猫は、室内にもトイレが必要であることを忘れずに。健康な猫なら粗相することはめったにないが、もしもあなたの見ている前で粗相した場合、ただ猫を持ち上げてトイレの上に置き、なでながら優しく声をかけてやる。猫はすぐに学習する。「鼻先を排泄物にこすりつける」といった罰を与えても無駄だし、特に粗相をしてしまってからでは意味がなく、猫は神経をとがらせて、また間違った場所で用を足してしまう可能性が高くなるだけだ。粗相している現場を見なかった場合は、ただ後始末をするだけでいい。猫の体の調子が悪いのかもしれないと思ったら、すぐに獣医に相談し、問題が長引くようなら専門の動物行動学者を紹介してもらってアドバイスを仰ごう。

何歳の猫でも、排泄に問題がある場合の対処の仕方は、家庭の環境と、猫がどこまでしつけられているかによって違ってくる。が、次のような原則を知っておくと役に立つかもしれない。

1　小さめの部屋に、寝床と猫用トイレを置くのがやっとの広さのケージを置いて猫を入れる。寝床を汚したくないという欲求は生まれてまもなく確立されるので、猫は寝床からできるだけ離れたところで排尿しようとする。ケージに入れられているので、猫は猫用トイレで排尿せざるを得ず、七日から一四日も経つと、猫砂と猫用トイレを排泄の場所としてしっかり覚える。猫が家の中にいて、飼い主が見張っていられないときは、常にこのケージの中に入れておく。七日から一〇日ほど様子を見て、うまくいっているようならケージから出られるようにする。ただし部屋からは出さない。そして猫用トイレを徐々に寝床から遠ざけていく。それから、一度に一部屋ずつ、家の残りの部分にも入れるようにしてやるが、それぞれ初回は付き添うこと。最終的に家の外に出してやるなら、トイレは段階的に猫が使う出入り口のドアに近づけ、それからドアのすぐ外に移動させる。猫砂が汚れたら、庭の適当な場所にあけ、やがて排泄はすべて外でし、家の中ではしなくなるように猫を誘導する。

2 粗相をしたら、その部屋に再び猫を入れる前に、汚れた部分はすべて、酵素入り洗剤をぬるま湯に溶かしたものでよく汚れを取り、その後消毒用アルコールなどで拭く。清掃した部分が乾いてから、見張りつきで猫を部屋に入れてやる。

3 カバーつきの猫用トイレなら粗相の心配も少ない。段ボール箱に猫が出入りできる穴を開け、逆さにしてかぶせてもいいし、最初からカバーつきのトイレを買ってもいい。

4 猫用トイレをあまり汚れたままにしておくと、ほとんどの猫はそこを使いたがらなくなる。だがあまり頻繁に掃除しすぎてもいけない。一匹飼いの猫なら掃除は一日一回が適当である——猫砂に自分の匂いがついていることで、そこが自分のトイレであることがわかるからだ（複数の猫が同じトイレを使うときは掃除の回数はそれより多くする）。

5 いろいろな材質や粒の大きさの猫砂を試してみよう。いずれ猫を外に出すなら、あとで排泄を完全に外でするようになるときのために、猫砂の五〇パーセントまで庭の土を混ぜるとよい。

6 屋外が「弱肉強食の世界であり、排泄する場所」であるのに対し、屋内が「安全で清潔な場所」であることの重要性を再度猫にわからせるため、猫用ドアは、必要なときには開かないようにする。こうすることでまた、猫がいつ家の中に入れるかをコントロールできるので、猫を見張りやすい。猫は餌を食べたすぐあとに排泄することが多いので、餌をやったらすぐに外に出すのが賢明かもしれない。猫が外で過ごす時間ができるだけ長くなるようにうながせばそれだけ外の適切な場所で排尿する必要が多くなり、その分早く庭が排泄場所であるとわかるようになる。

7 餌のボウルは決してトイレの近くに置かないこと。これをすると猫はトイレを使うのを嫌がり、他の場所で排泄してしまう原因になることが多い。同じ理由で、排泄されたくない場所に餌を置いておけば排泄防止になる。そのために使うのはウェットフードよりドライフードのほうが衛生的だし、普段は缶詰や生肉を食べている猫にもこれは効果がある。猫が食べてしまわないように、ドライフードは接着剤などで容器に固定しておく。

8 猫が室内で粗相をしても決して叱らないこと。粗相してしまったあとで罰を与えても無意味である。現場を捉えたときには、持ち上げて猫用トイレに連れていき、なでてやり、落ち着かせる。猫用トイレで用を足したら褒めてやり、おやつをやるのもいいだろう。

動物由来感染症

動物由来感染症というのは、動物から人間に感染する病気の総称である。猫を飼いたいが、病気のことが心配で猫を飼うのをやめたり、あまり接近しないようにする人もいる。だが実際は、心配することはほとんどない。狂犬病は恐ろしいが、イギリスでは心配する必要はない。寄生する蠕虫《ぜんちゅう》は猫の糞からうつることがあるが、定期的に猫の蠕虫駆除を行えば問題ない。白癬《はくせん》は寄生虫ではなく、真菌による皮膚感染症で、猫を含むさまざまな動物から人間に感染するが、治療が可能だ。飼い猫にはまれだが、野良猫や農場に暮らす猫のコロニーで見られることがある。

トキソプラズマ症は症状が見えにくい病気で、猫の糞便を媒介とする原虫が原因である。猫は感染しても多くの場合、何の症状も現れないし、人間が感染しても、最悪でも風邪のような症状が出るだけである。この原虫は、猫との接触よりも、生肉あるいは半生の肉を食べたり野菜を洗わずに食べたりすることから感染する可能性のほうが高い。ただし妊娠中の女性は特に気をつけて、猫をなでたりグルーミングしたりしたあとは手をよく洗い、猫用トイレを掃除するのは誰かに頼むべきだ。この病気は胎児にとっては非常に危険だからである。

寄生虫を常に駆除し、通常の衛生管理さえ行っていれば、猫から病気が感染する危険はほとんどない。ペットを飼うことが健康に及ぼす有益性はよく知られており、猫が長年にわたって必ずやもたらしてくれる喜びと友情は、病気がうつるかもしれないというわずかな危険性をはるかに凌駕するものだ。

尿スプレー

オスでもメスでも、去勢されていてもいなくても、尿スプレーはほとんどの猫がする普通の行為だ。これは縄張りをマーキングするための行動で、通常、柵の支柱や植えこみなど、ライバル猫がやってくる可能性がある垂直面が選ばれる。近所の猫との競争があるため、マーキングが行われるのは普通、屋外に限られる。猫は、室内で尿スプレーをすることはめったにない――家の中は普通、ライバルからは守られている場所で、それ以上に自分の存在を主張する必要がないからだ。

したがって、家の中で尿スプレーをする猫は、何かが不安だったり、何かに怯えていて自分の存在を強化しようとしているのである。部屋の模様替え、家具の移動、あるいは同居人が増えたり、家族に赤ん坊が増えたり、家族の誰かが死んだりして起きる家庭内の変化はどれも、猫が尿スプレーを始める理由になり得る。一緒に飼っている猫の数が多ければ多いほど、そのうちの少なくとも一匹が、他の猫との競争心から尿スプレーをする可能性は高くなる。ドア、カーテン、窓、家具の脚、黒いゴミ袋などの見慣れない物体、それらはみな、しばしば尿スプレーの標的となる。だが、飼い主がいるところでは猫は安心できるので、尿スプレーが目撃されることはめったにない。くさい尿の跡が見つかるのは普通、しばらく時間が経ってからだ。

尿スプレーは、排尿とは別の行為である。排尿は、猫用トイレの上、あるいは屋外の土の上で、しゃがんだ姿勢でする。尿スプレーは膀胱を空にするための行為ではなく、少量の尿を、猫の鼻の高さに吹きつける。尿スプレーをする猫は立ったまま、尻尾をまっすぐ上に上げて先端をピクピク震わせ、後ろ脚で足踏みしたりもする。尿はまっすぐ後方に吹きつけられる。

去勢されていないオス猫が思春期にさしかかると、尿スプレー行動が特に目立つようになり、匂いも強烈だ。この段階で去勢すれば、かなりの確率で尿スプレー行動も匂いもやむ。避妊処置を受けていないメス猫は、発情期がくるとオス猫を惹きつけるために尿スプレーをすることが多いが、それも避妊処置を施せばやめさせることができる。また、オス猫もメス猫も、年をとると、慣れた環境にいても安全を脅かされたように感じることがあり、実際の、あるいは想像上の競争相手に対する自己主張として尿スプレーを始めることがある。

排尿に苦労している猫は、排尿の際に尿スプレーのときの姿勢をとることがある。これは、猫下部尿路疾患（ＦＬＵＴＤ）を患っている猫に多い。排尿中につらそうだったり、尿スプレー行動が見られたら――特に、それが猫用トイレの周辺で起こったら――すぐに獣医に診せなければならない。猫を安心させて尿スプレーの習慣をやめさせることも治療の一環だ。尿スプレーをした猫は、たとえ現場を目撃しても、決して叱ってはいけない。叱れば猫はますます自信を失い、尿スプレーをする可能性が高くなるだけだ。

家の内装が変わったり、新しい住人が増えたりしたら、家のほとんどの場所には、猫が監視なしでは入れないようにすること。様子が変わった部屋に猫が入るときは、その部屋が自分の縄張りの一部であることを猫が再認識するまでは、飼い主が付き添うようにする。

猫が尿スプレーをした場所は、酵素入り洗剤を溶かしたぬるま湯でよく洗い、その後、消毒用アルコールなどで軽く拭いて脂肪性の沈着物を取り除く。その部屋に猫を再び入れるのは、その箇所が完全に乾いてからにして、目を離さないようにする。

外に出るための猫用ドアがある場合は、開かないようにして、家への出入りは飼い主がコントロールする。猫用ドアがあると室内の安全性は失われ、猫がどこよりも安全と感じるべき場所にライバル猫が入ってきて、そこに住んでいる猫と争うことになりかねない。猫用ドアを封鎖することで尿スプレー行動がやみ、でも猫用ドアがあるほうが便利なら、少し時間が経ってから、特定の猫だけが出入りできるものを取りつけるといいかもしれない。これは、エレクトロニックキーあるいはマグネットキーが付いている首輪を猫に着用させ、そのキーがドアの鍵を開けて、その首輪をつけている猫だけが通れる仕組みのものだ。

飼い主が監視できないときに、短時間、室内に置いたケージまたは小さめの部屋に猫を閉じこめておくのも、猫に予測可能な環境を与えて安心させるのに役立つ。暖かな、潜りこめる寝床を作ってやるといい。ケージの格子に守られているだけでなく、猫は寝床の近くには尿スプレーをしたがらない。寝る場所を清潔で乾いた状態にしておくというのは、生後ほんの数週間でしっかりと身につく大原則だからだ。閉じこめておく時間が二、三時間を超えるようなら、餌と寝床から十分に離れたところに猫用トイレを置いておく。尿スプレーをしなくなったら、一部屋ずつ、他の部屋にも入れてやるが、最初の数回は必ず付き添うこと。猫が徐々に家全体を、自分をしっかり守ってくれる飼い主がいる安全な場所、と見なすようになることが目標である。

猫は食べ物のそばで尿スプレーをすることはめったにないので、繰り返し尿スプレーする場所に、ドライフードを少々置いて尿スプレー避けにしてもよい。そのために使うのはドライフードのほうが衛生的だし、普段は缶詰や生肉を食べている猫にも効果がある。猫が食べてしまわないように、ドライフードは接着剤などで容器の底に固定しておく。場所によっては、松ぼっくりを並べたトレーやアルミホイルなど、猫が歩きにくいものを床に置くのも、そこに猫が立って尿スプレーするのを防ぐのに効果がある。

猫砂

イギリスの猫砂市場の規模は巨大である。大部分の猫は、外に出してもらえるようになれば、ペットホテルに預けられたり獣医による治療の間、檻に入れられたりしているときは別にして、猫砂を使うことは決してないということを考えると、これは驚くべき事実である。事実、猫がペットとして優れている理由の一つは、庭に穴を掘って用を足し、すんだらきちんと土をかけて隠すという、私たちにとって都合のよい習性をもっていることなのだ。ただし、完全な家猫だったり、夜は家に入れられる猫、あるいは胴輪とリードをつけて散歩に行くときしか外に出ない猫の場合は猫用トイレが必要だ。そしてこの、ことのほか潔癖なペットのため、必要に応じて猫砂をきれいなものに取り替えてやらなければならない。子犬が居間で粗相をしないようにするには、何週間もかけて慎重にトイレのしつけをする必要があるのに比べ、子猫はもらわれてくるときにはすでに、完全にしつけができている。飼い主はただ、猫用トイレを与え、猫がかき集められる猫砂を入れてやれば猫はそれを使ってくれる。これは子猫が本能的にすることのようだ。生後二〜三週間は母猫が肛門や性器の周囲を舐めて刺激しなければ排尿も排便もできない子猫は、あちこちを探検したり自分の寝床から外に出ようとする自分自身の動きの中で、この学習プロセスを開始する。そして、簡単に掘れる素材がそこにありさえすれば、子猫はやがてそれを使って用を足すことを自分で覚えるのである。もちろん、猫砂で遊んだり、猫砂を散らかしたり、食べてしまうこともあるかもしれない。だが、そんなに小さくても子猫は自分で自分にトイレのしつけをしているのである。そしてそれは死ぬまで役に立つのだ。

猫の祖先は半砂漠地帯で進化したので、猫は用を足すのに粒の細かい猫砂を好むという調査結果があるのももっともなことだ。砂があれば理想的だし、きめの細かい土も猫のトイレに非常に向いているが、現在商品化されているさまざまな猫砂でもほとんどすべての猫は満足する。猫の好みを調査すると、選択肢を与えられれば一番粒が細かいものを選ぶが、大部分の猫は、与えられたものを問題なく使う。だが、万が一排泄で問題を起こす猫がいたら、より粒の細かい猫砂に替えてやるだけで、また猫用トイレをきちんと使う気にさせるには十分だ。

コミュニケーションという観点からいうと、尿や糞の匂いにはメッセージが含まれているということも忘れてはならない。排尿や排便のあと、猫は自分の糞尿の上に砂をかぶせるが、よく途中で手を止めてあたりをクンクン嗅ぎ、適切な強さの匂いがそこから立ちのぼっていることを確認する。土や猫砂が乾燥していると、猫はさかんに砂をかぶせ、糞尿を深く埋めようとするし、重たくて湿った猫砂なら上から軽く覆うだけで十分かもしれない。複数の猫を飼っている家では、気の弱い猫は自分の糞尿を懸命に隠して自分に注意が向けられるのを避けようとするし、自信をつけたかったり、他の猫に対して自分が支配的な位置にいることを示すしるしを残そうとしている猫は、上からほんの少し砂をかけるだけだったり、まったくかけないこともある。こういう猫同士のコミュニケーションは、その家にしっかり適応して排泄にも問題のない猫の場合は特に重要ではないが、何か問題行動のある猫の場合、注意して見るといい。猫用トイレの使い方（特に、猫用トイレを使おうとしない場合）、そして残されたメッセージの性質を観察すると、分析と対処に大いに役立つ。

野良猫を飼いならす

世界には、野生の猫（飼い猫が野生化したもの）が無数にいる。たとえば休暇で泊まった海辺のリゾートホテルで、食べ物に群がる猫を見てそのことに気づく人も多い。イギリス国内だけでも野良猫の数は一〇〇万匹を超えるといわれ、その面倒を見るためにさまざまな人がかかわっている。親切な人のなかには、野良猫のコロニーに食べ物を運んだり、飼ってくれる人を見つけようとする人もいる。だがこれは、困難だし危険である場合もある。迷子になったり飼い主に捨てられたりして家を失い、最近野良猫になったばかりの猫なら、新しい家庭にも比較的簡単になじむが、生まれたときから野良猫だとそうはいかない。第5章で説明したように、猫が人間を仲間として容認するためには、生後七〜八週間までに人間と接することが必要なのだ。それができなかった猫は、人間に対してリラックスしたり反応したりするようにはならないし、まして普通の家庭環境で落ち着くことはない。

辛抱強く、思いやりをもって接すれば、生後八週間くらいの野良の子猫を慣らすことは可能だ（それでも子猫はとても神経をとがらせ、攻撃的か、とても臆病かもしれない）が、成猫になった野良猫を家で飼うというのは通常は無理である。猫を慣らすには、人間がつくった環境の中で人間と暮らすことを教えなくてはならないので、それは猫にとっても非常に恐ろしい経験かもしれない。だからまずは猫をケージに入れて、静かに、優しく、人間の日常に慣らしていく必要がある。普通は子猫のほうが反応がよく、幼ければ幼いほど早くリラックスし、人に慣れる。成猫は、ケージに入れられたことに対しても、人間からのどんなはたらきかけにも、どう対処したらいいかわからない。うずくまってじっと動かなかったり、隅のほうに身を隠して、人間が近づこうものなら恐れおののき、攻撃的になるかもしれない。

だから、野良猫を引き取って家で飼おうと考えているなら、(可能なかぎり) その猫が生後八週間未満であること、その子と辛抱強く付き合う時間があなたにあることを確認しよう。もっと成長した野良猫を引き取ろうとするのは、あなたにとっても猫にとっても悲しい結果になりかねない。去勢してもといた集団に戻し、定期的に餌をやる人たちが注意深く見守る中で野良猫の一生を過ごさせてやるのが一番いいだろう。

発情期の鳴き声

飼っているメスの子猫が、大きな、しかも苦しそうな声で鳴き、落ち着きがなくなり、食べる量が減って尿の量が増えると、とても心配する飼い主が多い。メス猫は他の猫の前で、尻尾を片側に寄せ、お尻を高く持ち上げた格好でしゃがみこみ、同時に前足で左右交互に足踏みしながら、抑揚のない低い声で鳴く。顔を見ると、耳を後ろに倒し、瞳孔は開いていて、怒っているか何かを怖がっているように見える。尻尾の下のあたりを頻繁に舐めたりもする。この単調な鳴き声は、猫が性的に成熟し、近所のオス猫を交尾に誘っているしるしである。早ければ生後三か月、遅い猫は生後一八か月でこういう状態に達するので、避妊手術をこれからしようと思っていた飼い主は驚くこともあるかもしれない。初めての発情期は短いこともあるし、数週間も続く場合もある——その間、もちろんメス猫を外に出して去勢していないオス猫に会わせてはいけない。

獣医は、発情期の前か後、多くの場合は生後四～五か月で訪れる最初の発情期の前に避妊手術をしたがるが、発情期の最中に手術をすることも可能である。あまりにも猫が（なかでも東洋種の猫が）鳴きやまず、その声が皆をイライラさせ、猫自身も外に出て交尾の相手を見つけることができないことに苦痛を感じているようなら、そうするのが一番の選択かもしれない。

引越し

人間にとっても飼い猫にとっても、引越しというのは大きなトラウマになりかねない。自分の猫は適応できるだろうか、どうしたら引越し先でフラフラと外に出て迷子にならないようにできるだろうか、あるいはもとの家が歩いて行ける距離の場合、新しい家を自分の家と思わず、もとの家に帰ってしまわないだろうか、と、飼い主にはさまざまな心配がある。実際にそういうことは起こるし、猫は飼い主と同じくらい自分の縄張りを大事に思うことが多いので、以前の縄張りに戻って、そこに住む別の家族と暮らそうとすることもある。猫が引越しに適応し、新しい家に落ち着くために、飼い主にできることがいくつかある。

特に神経質な猫は、荷物を箱に詰めたりカーテンを外したりしはじめる前に信頼できるペットホテルに預け、引越し先ですべての荷解きがすんであるべき位置に落ち着くまでは新しい家に連れて帰らないのが賢明かもしれない。外でさまざまな経験をしている猫は概してすんなりと適応するが、それでもやはり引越し後の一〜二週間は家の中から出さず、新しい自分の拠点の間取りや匂いを覚えさせたほうがいい。ついに外に出ることを許されて、今までと違う土地で、すでにそこに住んでいる猫たちから（時間的にも空間的にも）自分の居場所を獲得しようというときは、お腹が空いていることが望ましい。一二時間かそこら食べ物を食べないでいれば、猫は新しい家からあまり遠くには行かないし、飼い主の呼び声や、「ごはんの時間」であることを示すお皿の音が聞こえればすぐに反応する。素晴らしき新世界を探検に行く最初の二、三回は猫に付き添うのも助けになるが、とはいえ猫は適応能力が高く生存本能も強いので、通常は、もとの家で暮らしていたときと同じような生活スタイルをまもなく確立する。

新しい家がもとの家のすぐ近くである場合、猫は、新しい土地を探検しているときに以前自分が使っていた通り道に出くわす可能性が高い。すると猫は以前のとおりにその道筋をたどって「家」に帰り、様子がすっかり変わっているのを見て混乱する。そういう猫にとって、新しい家とはまだ、そこに帰りたいと思うほどのつながりができていない。なかには、もとの家に新しく越してきた家族がそれとは知らず食べ物を与えたり、この見知らぬ猫がさも自信たっぷりに猫用ドアから入ってきて居座ろうとするのが嬉しくて猫の行動を助長したりすることもある。だが、たとえ新しい住人が、猫が戻ってくるかもしれないことをあらかじめ知らされており、猫を無理やり家から追い出したり水を浴びせたりして、基本的に冷たくあしらっても、古い縄張りに対する猫の思い入れは消えないことがある。猫は執拗にもとの家に戻り、飼い主が猫を連れ戻しに行くか、新しい住人が引越し先に連れていかなければ、自分からは引越し先に戻ろうとしない。この行ったり来たりには――特に、何十キロも離れたもとの縄張りに猫が戻ってしまうような場合には――双方ともくたびれてしまう。

まず重要なのは、もとの家の新しい住人が、猫ともともとの縄張りのつながりを断ち切るためにできることは何でもすることだ。猫を追い払い、水を浴びせ、決して立ち止まって声をかけたり猫を可哀想に思ったりしてはいけない。近所の住民にも、たとえ以前はその猫を可愛がっていたとしても、同様にふるまってくれるよう頼まなければならない。引越し先では猫を一か月くらい家から出さないこと。それでもまだもとの家に戻るようなら、新しい家に連れ帰るときは決して最短の道順を通らず、できるだけ遠まわりをして、はじめはまったく逆の方向に向かう。車を使えるなら、方向を変えて新しい家に向かう前に、たっぷり数キロは走ること。最後の手段は、もとの家からも新しい家からもできるだけ遠くにあるペットホテルに猫を数週間預けて、もとの家の記憶も帰巣本能も混乱させることだ。そしてとうとう新しい家に連れ帰ったら、少しずつ何回にも分けて餌を与え、たっぷりの愛情と注目をそそぐことで家とのつながりが生まれやすくなる。外に出すときには、やはりその前一二時間は餌を与えず、最初の二週間は外に出してやるのは一日一度、三〇分ほどにして、呼び戻したらすぐに餌を与える。

大事なのは、猫が新しい家を、新しい縄張りの中心拠点であり、そこにいれば（もとの家ではそういうものが与えられないのと対照的に）食べ物と寝床がある、と認識するようになることだ。付き添いなしに猫を外に出してやれるようになるには、何週間も、時には何か月もかかるかもしれない。覚えておこう——猫のためには、もとの家から一〇キロ未満の家には引越さないことだ。

何をしてもだめなら、もとの家の新しい住人一家、あるいは隣人に、猫をもらってもらう交渉をしよう。

引越しは、完全な家猫にとっても同様に重大な問題だ。何しろそれは、その猫の縄張りが完全に様変わりすることを意味し、猫は新しい家でまるっきり無防備に感じるかもしれない。ゆっくりと、一部屋ずつ入らせるようにし、たっぷり世話をしてかまってやれば、たいていの猫は数日でこうした一大変化のストレスを克服する。こうして苦労すればその見返りはあるが、それにも限度がある、とほとんどの飼い主は言うだろう。飼い猫のフォスに首ったけだったエドワード・リア〔訳注：イギリスの画家・詩人。リメリックと呼ばれるユーモラスな五行詩で有名〕は、引越すことを決めたとき、猫が動揺しないように、もとの家と瓜二つの家をわざわざ建てさせたのである……。

病後

獣医学の驚異的な発達によって猫は、命取りになりかねないさまざまな病気に対する予防接種も受けられるし、最新の薬や医療機器による治療も可能だし、人間のそれと変わらない緊急医療体制もある。

しかし、傷の縫合や投薬治療がどんなに奇跡的にうまくいっても、猫が元気になろうとする意志は、どれほどしっかりした看護をしてやれるかによるところが大きい、と獣医なら誰もが言う。

病気の猫は、優しさと愛情に満ちた世話をしてやることで生きる意志を取り戻しもすれば、意気消沈し、生きることを諦めてしまうこともある。病気の猫の飼い主として、あなたには、猫が病気を克服するのを手助けする重大な責任がある。優しく猫に話しかけながら世話をし、猫を隙間風から守って暖かくしてやり、食べるように励まし（餌を温めたり、食欲を失くしたようならいろいろなおいしいおやつを試そう）、トイレに行くのを手伝ってやり、とにかく猫の体に触れて安心させてやることが、生と死を分けることもある。病気から回復した猫は、飼い主との間に非常に強い感情的な絆が生まれることが多い。自分が元気になるために飼い主がどれほど心配し、愛情を注いでくれたか、猫にはわかるのかもしれない。

ベジタリアン猫はいるか?

熱心な菜食主義者《ベジタリアン》が、自分のペットにも自分と同じ食生活を押しつけることがある。ペットが犬なら問題はないが、猫の場合は肉を食べないわけにはいかない。人間や犬と違って猫は、タウリンをはじめとする必須栄養素のいくつかを、体内で植物性のものから生成することができないからだ。猫は非常に優秀な捕食動物として進化したので、こうした必須栄養素を、植物という劣った供給源から生成する必要はかつてなく、肉に含まれる「純粋な」形で摂ってきた。一方人間や犬は肉の他に植物性のものも食べて生きてきたのであり、肉が手に入らないことも多かったので、手に入るものを最大限に利用できるように進化したのである。つまり猫は、飼い主の食に関する信条がどうであれ、ベジタリアンにはなれない。

夜鳴き

ここ数年、老猫の奇妙な行動に気がつく例が増えている。これはおそらく、ペットの行動セラピーが一般的になり、問題行動のあるペットの飼い主が、プロの助けを求めるようになってきているせいもあるだろう。飼い主自身も変化している――飼い猫の行動についての理解は近年になって向上し、飼い猫との個別の関係性をより大事に思うようになっているのだ。猫と飼い主の関係性においては、相手に対する敬意は時間とともに強まり、双方が年齢を重ねることによってこうした関係はよりよいものになっていく。遊び好きな子猫を飼うというつかの間の喜びと比べ、老猫との関係はより深く、永続的なものだ。

生後六か月から一八か月くらいの子猫はもちろんのこと、八歳までの成猫と比べても、老猫が問題行動を起こすことは非常に少ない。人が年をとると、その長い人生経験から深い洞察力が身につくことが多いが、これは年をとった猫にはますます当てはまることではないかと思う。人間の家庭ではどのようにふるまったらいいか、出ていって人と交流していいときと悪いとき、自分が何を欲しているか、それがいつ欲しいのかをどうすればわかってもらえるか、どうすればお気に入りの場所に陣どって邪魔されずに、また誰の邪魔もせずにうたた寝できるか——そういうことがわかっているのだ。実際、猫は年をとるにつれて面倒を見るのが楽になる。したがって、老猫の問題行動というのは、ガタがきている体の不調を示していたり、人と一緒にいたりなぐさめられたりすることへの欲求が強くなっているせいであることが多い。子猫や若い成猫の問題行動の多くは、トイレのしつけがうまくいかなかったり、臆病さや他の猫との衝突が原因で失敗したしつけをやりなおすことができなかったりするせいで起きる。その結果、尿スプレーをしたり、トイレでない場所で排泄したり、室内の家具や壁をひっかいてマーキングしたりする。これらはすべて、家の内外にいる他の猫の存在によって、猫が社会的な脅威を感じていること、また通常は、誰かが家具を動かしたり、友人や犬を連れてきたせいで、自分の住処が自分にはどうすることもできない問題を抱えている、と感じていることを示している。なかでも、飼い主が猫用ドアを設置することで自分の家の安全性が脅かされ、突如として自分の寝床、餌のボウル、飼い主の膝が、ライバル猫の手の届くものになってしまうことが、何よりも猫を動揺させる原因となる。

老猫に一番多い問題行動は何といっても、夜、大声で鳴くことだ。飼っている複数の猫のなかで年長になった猫が、飼い主の注目と愛情を求めて鳴くようになった、と報告する飼い主は数多い。そしてそれは夜起こることが多いのだ。夜中に、物悲しげなペットの鳴き声で目が覚めるのである。初めてのときは、飼い主は飛び起きて、愛する飼い猫に何があったのか——急病か、はたまた老齢によってどこかが痛むのか——と様子を見に行く。ところが猫は、寝室のドアの前にいたり、階下をウロウロしているだけのことが多く、その日の午後と特に変わった様子はない。

たいていの場合、猫はどこといって体の調子が悪いわけではないし、餌が欲しいとか、外に出たいとか、特に何かを欲しているわけですらない。飼い主がなでてやり、どうしたの？と心配そうな声で聞けば、猫はおとなしくなって再び眠りにつく。猫はただ、夜の静けさが寂しくて、ちょっとした触れあいと安心感を求め、もう一度「寝かしつけて」もらいたかっただけなのだ。

だが、猫にしてみれば、これは大きな二つの変化が起きたことを意味している。まず、これまでずっと自立し、あまり人にベタベタせず、独りになりたいときは飼い主をうるさがりさえしていた自分が、年をとって飼い主の存在をありがたく思うときがきたことを自分に認めたということ。寂しかったり、ちょっとした不安を感じることによって、老猫は、人間との温かなコンタクトがあればすべてはうまくいくかもしれない、ということを受け入れたのだ。飼い主がいてくれれば、猫は、重要な決断をしばらくは飼い主に任せておけるのである。

二つ目に気づくべきは、この賢い猫が、パブロフのごとく、あるいは熟練した犬の調教師のごとく、今やすっかり飼い主を手なづけて、自分の要求に応えさせているということだ。猫は、哀れっぽく一声鳴くだけで、いつでも——たとえそれが夜中でも——飼い主が自分のそばに飛んできて、思いきり自分を安心させてくれるということに気づいたのである。だから、たとえば「暖房のそばで寝るべきか、お気に入りの場所でひなたぼっこすべきか？」といった重大な決断に直面したときにも、猫は同じような鳴き方をすることがある。頭のよい猫は、そうすれば飼い主が飛んできて、一番快適な寝床を見つけてくれたり、もっとご機嫌な抱っこをしてくれたりしたあと、最高に満足できる場所に寝かせてくれることがわかっているのだ。

年をとると、飼い主の体に跳び上がったり脚に体をこすりつけたりして物理的に飼い主の注意を引くことができなくなるが、声を最大限有効に使うことを覚えてしまえば、猫にとってはそれなりにいいこともある。猫の夜鳴き問題に関しては、猫の寝床をベッドの隣に置き、起こされても暖かな布団から出なくてすむようにしている飼い主もいる。赤ん坊監視用のモニターを使って、インカム越しに猫に話しかける人もいるし、ラジオをつけっぱなしにしたり、電気座布団の上で猫を寝かせる人もいる。あるご婦人のように、毎晩、猫に起こされるたびに猫用湯たんぽのお湯を取り替えるよりは楽だ。体の具合が悪いわけではないことがわかっている飼い主のなかには、耳をふさぎ、頭を枕の下につっこんで我慢する人もいる――自分が起き出せばそれが猫にとっては報酬となり、猫が毎晩これを繰り返すようにさせないためだ。ただし、猫がどんなにしつこいかは彼らに聞けばわかる。

猫の行動パターンは、季節、天候によっても変化するし、週末かどうかによっても、家族の行動によっても違う。また、決まった時間に餌を与えられる場合と、多くの猫がそうであるように、いつでも好きなときにドライフードが食べられる状態である場合でも変わってくる。猫は年をとるにつれて、以前なら外で獲物を追いかけていた時間帯にも寝ている傾向が強くなり、家で起きている時間を飼い主の在宅時に合わせるのが一般的だ。飼い主と接触する時間は前ほど多くないとしても、飼い主がそこにいて安心させてくれること、愛情が欲しくなったら可愛がってもらえることが重要なのだ。年をとればとるほど、動揺したりびっくりしたりしたときに猫は飼い主を探すようになる。あるいは単に目が覚めて自分が独りであることに気づいたときもそうだが、それが起きる確率が一番高いのはつまり、夜中なのだ。

だから、あなたが飼っている老猫が突然、真夜中に鳴いてあなたの眠りを妨げるようになったら、寝室で一緒に寝かせてやり、夜中に目が覚めてもあなたがそばにいることで安心できるようにしてやったほうがいいかもしれない。それが嫌なら、しばらくの間鳴き声を無視してみよう。あなたが起きてしまえば、それは、猫の不安さにご褒美をやり、本当にあなたを必要としていないときでもあなたを頼りにできると思わせてしまうのだということを忘れずに。鳴き声が功を奏さない期間が長ければ長いほど、猫が自信を失わず、人間を頼らずにいられる期間も長くなるし、あなたは再び、夜ぐっすり眠れるようになるだろう。

旅行

休暇で出かけるときに複雑な思いをするペットの飼い主は多い。仕事や家でのプレッシャーからしばし解放されてホッとする気持ちはあるが、大事な猫をペットホテルに預けていかなければならないのが悲しく、心配なのである。まさにそれが理由で休暇旅行には行かない人もいるし、猫を連れていけるところに出かける人もいる。後者は、猫が旅行好きで、その間ずっとホテル（猫が泊まれるホテルは少ないが）、キャンピングカー、別荘などに泊まるのを嫌がらなければ別だが、そうでないかぎり難しい。たとえ猫が協力的であったとしても、迷子になったり、フラフラと歩いてどこかに行ってしまうという心配は当然あり、飼い主は必ず、猫の身元がわかる名札を身につけさせ、家と、休暇中に連絡がとれる電話番号をそこに書いておかなくてはいけない。

毎年一緒に旅行に出かけて何の問題もないという飼い主と猫もいるが、ほとんどの人にとっては、自分の猫が、プロによって運営されている安全で清潔なペットホテルにいるとわかっているのが一番いい。自分の目でチェックして慎重にペットホテルを選べば、良心の呵責も少なく、軽い心で出かけることができる。あなたの家の近くに複数のペットホテルがあるなら、全部に行ってみて中を見せてもらおう――それを拒むならそこは選ばないほうがいい。運営がしっかりしていて、預けられたペットが満足そうにしているペットホテルの経営者なら、喜んで施設の中を見せてくれるはずだ。次に挙げるのは、注意すべき点の一部である。

・全体的に清潔で整理整頓されているか。
・くさくないか。
・預けられた猫たちが健康で満足そうにしているか。
・猫は一匹一匹個別のユニットにいるか（同じ家から預けられた場合は別）。違う家から預けられた猫同士は、ストレスになるし病気がうつりやすいので、接触したり共有スペースに出られるようになっていてはいけない（ユニットとユニットの間には、アクリル製の、スニーズバリアと呼ばれる仕切りがあること）。

・それぞれのユニットに、屋内で眠れる暖房つきの場所と、運動できるスペースがあるか。

・それぞれの猫に、滞在中ずっと使えるトイレと餌のボウルがあるか。

・ユニットにはすべて「逃走防止通路」がついている、あるいはドアが二重になっていて、ふとした拍子に猫が逃げられないようになっていること。

・獣医による予防接種をきちんと受けていることの証明を求められるかどうか。

・あなたの猫の食習慣、病歴などを尋ねられるか。また、あなたがいない間に獣医による治療が必要になった際のための同意書に署名を求められるか。

・長毛種の猫は、ペットホテルにいる間もグルーミングをすべきである（これには別途料金がかかるかもしれない）。

いったんいいペットホテルが見つかったら、他には預けたくなくなるだろうし、また旅行に出かけるかなり前から予約しなくてはならないこともわかるだろう。だがこれであなたは旅行を楽しむことができる。ほとんどの猫は、新しい環境にすぐに慣れて上手に対応する――実際、あなたが旅行から戻ると、猫たちがペットホテルで非常にハッピーだったとわかってちょっとカチンとくるくらいだ。

あなたの留守が短い間なら、近所の人か友人に頼んで一日に二回くらい家に来てもらい、猫の様子をチェックし、餌をやってもらうほうがいいだろう。猫を家からよそに移す必要がなく、猫は、あなたはいないものの、いつもの環境と決まった生活のリズムを保てるので都合がいい。安心して餌やりを頼める人がいなかったり、一週間以上留守にするならば、猫が独りぼっちにならず、必要な世話をしてもらえるように、キャットシッターにあなたの家に泊まってもらうのが一番いい。友達に泊まってもらうのが無理なら、ペットシッター・サービスを提供する会社もあって、猫雑誌、ペット雑誌に広告を載せている。当然ながら、安全保障の問題があるので、その素性を確認したり、そこを使ったことのある顧客に話を聞くなどする必要はあるが、ペットホテルにどうしてもなじめない猫がいる場合、これは考えてもよいオプションだろう。

老猫の世話

年をとった猫は、人間と同じで、特別な世話をする必要がある。老猫はよく寝るし、家庭生活のやかましさに邪魔されずゆっくり休める、静かで暖かな場所を好む。関節が硬くなるので、寝床、トイレ、餌と水に簡単に手が届くようにしてやることが大切だ。寝床は暖かく、できれば暖房器具のそばに置いて、それとは別に、窓の近くでよく日が当たるお気に入りの場所に、居心地のよい昼寝用の寝床を作ってやるといいだろう。これらの寝床が床より高い位置にあるならば、猫にそこまで一気に跳び上がらせるのではなく、たとえば椅子の肘掛けやサイドテーブルをステップにして出窓に上がる、というふうに、楽に寝床に上がれるようにしてやろう。暖かい部屋を一つか二つ決めて、そこだけにしか入らないようにすると、安全で安心できる居場所ができるし、もしも猫が関節炎を患っているようなら、その中にトイレをいくつか置いてやれば、体を清潔に保つことができる。自分でトイレの用が足せない老猫はとても機嫌が悪くなるので、排泄の欲求にはよく気をつけてやり、尿意を催したときの移動距離を短くしてやるとよい。

起きているときは、頻繁に愛情をこめて触れてやることが必要だ。そっとグルーミングしてやれば猫はリラックスするし、体を清潔に保ち、自尊心を失わずにいられる。また、あなたと猫に可能なかぎり、家庭生活に参加させることも大切だ。年をとった猫はたっぷりの休息を必要とするが、同時に家族の一員であり続け、刺激を受けることも必要である。外よりも家の中にいることを好むかもしれないが、暖かくて風のない日には外に出るように励まそう。ついていってやるといいかもしれない。猫は年をとるとおしゃべりになることがあり、特に夜、目が覚めて、独りぼっちなのが心細くなったときなど、鳴いてあなたの注意を引きたがるだろう。怒ってはいけない。猫が夜安心して眠れるように、あなたのベッドの横で寝かせてやるといいかもしれない。

とにかく愛情をたっぷり注いでやろう。犬の場合、子犬が家族に加わることで老犬の寿命が延びることがあるが、子猫を飼っても老猫の助けにはならない。猫は犬よりももの静かな動物で、犬のように自分の家や家族を他の猫と共有するのがうまくないのだ。だから、子猫を飼う代わりに、これまでよりたくさん時間をかけて愛情のこもった世話をしてやれば、年老いた猫が見せる純粋な個性と愛情を味わうことができる。

年をとると変化する食餌制限については獣医と相談し、食べ方が不規則になることも知っておこう。老猫はおそらく、より頻繁に少量の餌を食べることを好むようになる。また、定期的に健康診断を受けさせて、老猫に多い腎臓の病気などがないかチェックし、あれば早めに対処できるようにしよう。

訳者あとがき

本書の著者、クレア・ベサントは、インターナショナル・キャットケア（http://www.icatcare.org/）という慈善団体の代表を二〇年近く務めている。一九五八年、熱烈な猫愛好家たちによってFeline Advisory Bureauという名で設立されたこの団体は、イギリスに本拠があり、世界中の猫の飼い主、ブリーダー、獣医、あるいは野良猫を世話する人たちに対して、正しい猫の飼い方、扱い方についての情報を提供し、医療技術の進歩や動物愛護キャンペーンを支援する活動を活発に行っている。たとえば、アメリカに本拠を置き、キャットショーの開催を主な目的とするThe Cat Fanciers' Associationなどとは異なり、もっぱら猫とその飼い主の生活の向上に活動の重点を置く。

本書によれば、イギリスでペットとして飼われている猫の数は犬より多い。ただしこれは本書の初版が出版された二〇〇二年以前の数字で、最新の統計では両者の数字は拮抗しているようだ。だが、イギリスに野良犬がいるとは考えにくいのに対して野良猫はたくさんいるわけだから、人間のそばで暮らす動物、という意味ではやはり猫のほうが多いだろう。正直なところ、イギリスで猫がペットとしてこれほど人気だとは知らなかったが、考えてみれば、『不思議の国のアリス』のチェシャ猫、ミュージカルにもなったT・S・エリオットの『キャッツ』から、ハリー・ポッター・シリーズのクルックシャンクスまで、イギリス文学で最初に頭に浮かぶのは犬よりもむしろ猫かもしれない。それほどに、昔から猫はイギリス人にとって身近な存在だった（それに、魔女のペットは黒猫と決まっている）。

昔から身近なところに猫がいたという点では日本も決して負けていないと思うが、共に生活する生き物としての猫を科学的に理解し、その生活環境を最良のものにしようという努力において、現在、イギリスをはじめとする欧米は日本の一歩先を行っているように思える。たとえば原書に出てくるcatteryという言葉で画像検索してみるといい。旅行などで留守にする飼い主が猫を預ける、いわばペットホテルであるが、その充実ぶりに驚く。そういう国の飼い猫事情を覗き見ることができるという意味でも本書は興味深い。

さて、人間を犬派（犬好き）と猫派（猫好き）に分けたら自分はどちらか、と聞かれれば、猫派と答えざるを得ない私である。子どものときに実家で犬を飼っていたことはあるが、成人してから自分の責任で犬を飼ったことはなく、犬のことはあまり知らない。だからこの本の前に訳させていただいた『犬と人の生物学──夢・うつ病・音楽・超能力』の翻訳中は、ほう、なるほど、ふーん、と感心することしきりだった。一方、猫とは付き合いが深い。一九九七年から二〇一〇年までの一三年間、子育てならぬ「ネコソダテ」の期間があった。残念なことにその愛猫、小源太は病気で亡くしたが、その後も身の回りには、必ずしも自分の猫とは限らないが、いつでも猫がいる。そういうわけだから本書は、そうそう、そうなの、あるある、と相槌をうち、時にはクスクス笑いながら翻訳した。

だが、小源太と暮らした一三年間、猫という生き物に関する私の知識はいかんせん偏ったところがあった。小源太は生涯を東京のマンションで暮らした典型的な家猫だった。私が家にいれば必ず私が視野の中に入る場所にいたし、毎晩一緒に眠り、私が食事をしているときは必ずテーブルで横に座っている。本書にもあるが、子どものいない私にとって小源太は子ども代わりで、私の目には、大島弓子氏の漫画『綿の国星』に出てくる、耳は猫だけれど人間の顔をして洋服を着た猫みたいに見えていた、と言っても誇張ではない。猫という生き物であるよりも先に、小源太は男の子だったのだ。

一方、本書に登場する「飼い猫」は、「完全な家猫」は少数派で、基本的には、家の中と外を行き来する猫のことだ。だから、小源太しか知らずにいたら、きっと翻訳しながらピンとこないところがたくさんあったはずである。家猫は家猫で十分におもしろいし、家猫だって幸せであることを心から願うけれど、猫という生物の正体は、家猫だけを見ていたのでは半分しかわからないのかもしれない——今、私の身近にいるもう一匹のオス猫、ミトンズを見ていると、つくづくそう思う。

私はアメリカの、シアトルから一時間ほどの島に小さな家を借りていて、夏はそこで過ごしている。森に囲まれたのどかな田園地帯で、野生動物もたくさんいるところだ。その家で、二〇〇七年から飼っているオス猫がミトンズである。もともとは隣人がネズミ駆除を目的にもらってきた子猫だったのだが、私たちになついてしまったため、もらうことになった猫だ。

ミトンズの生活は小源太のそれとはまったく異なっている。好きなときに外に出かけ、好きなときに家に帰ってくる。気が向けば一日家の中で過ごすこともあるが、ぷいと出かけて丸一日以上戻ってこないこともある。家にいるときは、人の膝に乗り、嬉しそうにゴロゴ言いながらよだれを垂らし、お腹の上でフミフミし、昼だろうが夜だろうが我が物顔で人間のベッドで寝る甘えん坊のくせに、一度外に出れば俊敏な野生動物に変貌する。茂みの一点をじっと見つめ、何時間でも獲物を待ち伏せしているかと思えば、いつの間にか捕まえた野ネズミ、野ウサギを頭からバリバリ食べているのを目撃することもある。去勢しているからそれほど激しくはないが、近隣の猫と縄張り争いし、ケンカ傷を作って帰ってくることもある。コヨーテもいる土地柄、一晩中ミトンズが帰ってこなければ心配になるし、できればずっと家の中にいてほしいが、ミトンズは断固としてそれを拒む。

そしてその見事なまでの二面性がどこからくるのか、本書を読めば謎が解ける。たとえ屋外に出ることのない家猫でも、まるで自分を猫だなんて思っていないふうにふるまっていても、猫というとても身近な動物の中には、消そうとしても決して消えない野性があるのだ。知れば知るほど、猫はおもしろい。

YouTubeに、人間を犬と猫になぞらえた人気ビデオクリップがあるのをご存じだろうか。友人が訪ねてくる。犬人間は玄関で相手に飛びついて、いらっしゃい、よく来たね、会いたかったよ！　と迎える。猫人間は、あ、来たの、と横目で見て通りすぎる。二人並んでソファに座ってテレビを見ているところへ、犬人間がやってきて、二人の間に無理やり割りこんで座る。猫人間は二人の膝の上を通過してソファの端に丸くなる、といった具合。かなり笑える。これを見ていると、自分を犬派と思うか猫派と思うかは、どちらをより可愛いと思うか、というよりも、自分がどちらの行動により共感するか、なのだと思う。

猫は人間のために自分を変えることをしないし、その必要もない。あくまでも、マイペース。そして、いつフラリといなくなっても不思議はない、物理的になんら束縛されないミトンズが、呼べばどこからともなく姿を現して戻ってくるのを見るたびに、私たちがミトンズを「飼っている」のではなくて、ミトンズが私たちと「一緒に暮らしてくれている」のだな、と思う。丸一日姿をくらましたあとで家に戻ってくると、カリカリを食べ、ときどきもらえるアイスクリームを舐め、ベッドの上で丸くなる。まことに勝手で、自由で、そして変幻自在な生き物である。

自分はあくまで自分のままでいて、でも相手にそっと寄りそう小さな野生の動物。多くの猫好きは、そういうところに共感し、だからこそ猫が好きなのではないかしら。私がそうであるように。

三木直子

二〇一四年六月

【タ行】

【ナ行】

【ハ行】

索引

著者紹介
クレア・ベサント（Claire Bessant）
イギリス、リーズ大学で動物生理学を専攻。
猫に関して広範な情報を提供し、獣医が猫治療の専門知識を高めるための経済的支援を行う慈善団体、インターナショナル・キャットケアの最高責任者として、世界中の飼い猫や野良猫のための活動を行っている。
獣医学の専門誌の編集に携わり、また多数の猫雑誌に寄稿する他、『The Nine Life Cat』『Cat: The Complete Guide』『The Complete Book of the Cat』『How to Talk to Your Cat』『The Perfect Kitten』など、著作も数多い。

訳者紹介
三木直子（みき・なおこ）
東京生まれ。国際基督教大学教養学部語学科卒業。
外資系広告代理店のテレビコマーシャル・プロデューサーを経て、1997年に独立。
海外のアーティストと日本の企業を結ぶコーディネーターとして活躍するかたわら、テレビ番組の企画、クリエイターのためのワークショップやスピリチュアル・ワークショップなどを手掛ける。
訳書に『［魂からの癒し］チャクラ・ヒーリング』（徳間書店）、『マリファナはなぜ非合法なのか？』『コケの自然誌』『ミクロの森』『斧・熊・ロッキー山脈』『犬と人の生物学』（以上、築地書館）、『アンダーグラウンド』（春秋社）、『ココナッツオイル健康法』（WAVE出版）、他多数。

ネコ学入門

猫言語・幼猫体験・尿スプレー

2014年 9月19日　初版発行
2015年 2月 2日　6刷発行

著者　クレア・ベサント
訳者　三木直子
発行者　土井二郎
発行所　築地書館株式会社
東京都中央区築地 7-4-4-201　〒104-0045
TEL 03-3542-3731　FAX 03-3541-5799
http://www.tsukiji-shokan.co.jp/
振替 00110-5-19057
印刷・製本　シナノ印刷株式会社
装丁　吉野愛

ISBN 978-4-8067-1482-8　C0045

くわしい内容はホームページで。URL=http://www.tsukiji-shokan.co.jp/

●築地書館の本

犬と人の生物学

夢・うつ病・音楽・超能力

S・コレン［著］ 三木直子［訳］ ◎3刷 二二〇〇円＋税

犬の精神生活と社会生活に関する七一の疑問に答える。

五〇年間、犬の行動について学び研究している心理学者が、誰もが知りたい犬の不思議な行動や知的活動を、人間と比較しながら解き明かす。

犬は「しつけ」で育てるな！

群れの観察と動物行動学からわかったイヌの生態

堀 明［著］ ◎6刷 一五〇〇円＋税

〝しつけ〟よりも大切なこと教えます。愛犬がすくすく育ち、イヌも飼い主もハッピーになれる本。一二七匹におよぶ犬の観察から見えてきた新事実！ 犬好きがほんとうに知りたい情報が満載！

犬の科学

ほんとうの性格・行動・歴史を知る

スティーブン・ブディアンスキー［著］ 渡植貞一郎［訳］ ◎7刷 二四〇〇円＋税

生物学、遺伝学、認知科学、神経生理学、心理学などが、犬にまつわるこれまでの常識をつくり替えようとしている。最新生物学が明かす、犬という生き物の進化戦略。

先生、ワラジムシが取っ組みあいのケンカをしています！

鳥取環境大学の森の人間動物行動学

小林朋道［著］ 一六〇〇円＋税

先生シリーズ第八弾！ 黒ヤギ・ゴマはビール箱をかぶって草を食べ、コバヤシ教授はツバメに襲われ全力疾走、そして、モリアオガエルに騙された！

くわしい内容はホームページで。URL=http://www.tsukiji-shokan.co.jp/

●築地書館の本

野の花さんぽ図鑑

長谷川哲雄［著］　◎7刷　二四〇〇円＋税

植物画の第一人者が、花、葉、タネ、根、季節ごとの姿、名前の由来から花に訪れる昆虫の世界まで、野の花三七〇余種を、花に訪れる昆虫八八種とともに二十四節気で解説。写真図鑑では表現できない野の花の表情を、美しい植物画で紹介。巻末には植物画特別講座付き。

森のさんぽ図鑑

長谷川哲雄［著］　◎2刷　二四〇〇円＋税

普段、間近で観察することがなかなかできない、木々の芽吹きや花の様子がオールカラーの美しい植物画で楽しめる。三〇〇種に及ぶ新芽、花、実、昆虫、葉の様子から食べられる木の芽の解説まで、身近な木々の意外な魅力、新たな発見が満載の、大人のための図鑑。

雑草と楽しむ庭づくり

オーガニック・ガーデン・ハンドブック

ひきちガーデンサービス　曳地トシ＋曳地義治［著］

◎10刷　二二〇〇円＋税

無農薬・無化学肥料で庭をつくってきた個人庭専門の植木屋さんが教える雑草との上手なつきあい方。庭でよく見る雑草図鑑八六種をカラー写真で紹介。

虫といっしょに庭づくり

オーガニック・ガーデン・ハンドブック

ひきちガーデンサービス　曳地トシ＋曳地義治［著］

◎9刷　二二〇〇円＋税

植木屋さんが、長年の経験と観察をもとにあみだした農薬を使わない〝虫退治〟のコツを、庭でよく見る一四五種の虫のカラー写真とともに解説。